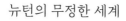
뉴턴의 무정한 세계

뉴턴의 무정한 세계

우리 역사에서 다시 시작하는 과학 공부

초판 1쇄 펴냄   2023년 7월 1일

지은이   정인경
책임편집   김미선
일러스트레이션   문하경

펴낸곳   도서출판 이김
등록   2015년 12월 2일 (제2021-000353호)
주소   서울시 마포구 방울내로 70, 301호 (망원동)

ISBN   979-11-89680-44-2 (03400)

값 18,000원
잘못된 책은 구입한 곳에서 바꿔 드립니다.

정인경

뉴턴의 무정한 세계

우리 역사에서 다시 시작하는 과학 공부

차례

『뉴턴의 무정한 세계』는
가슴으로 읽는 과학책이다

2012년 8월 출판사에 초고를 넘긴 날, 나는 잠들지 못했다. 『뉴턴의 무정한 세계』라는 책 제목부터 설명하지 않으면 이해할 수 없는 것 투성이였다. 처음 이 책을 구상할 때 한국 과학사와 서양 과학사를 균형 있게 배분해서 설명하려는 생각이 얼마나 무리수였는지, 원고를 쓰기 시작한 순간부터 좌절감이 밀려왔었다. 화려한 서양 과학사에 비해 한국 과학사는 초라하기 그지없고, 식민지 역사를 들춰내는 것은 아픈 상처를 다시 건드리는 불편한 일이었다.

밤새 나는 책에 나오는 인물들의 이름을 하나하니 불리보았다. 뉴턴, 갈릴레오, 이광수, 염상섭, 패러데이, 에디슨, 박태원, 다윈, 이상, 유카와, 아인슈타인, 김용관…. 서양의 위대한 과학자들 사이에 한국인의 이름을 넣는 일을 마치 나의 소임인 것처럼 여기며 글을 썼다. 무조건 이상과 김용관을 내 책에 등장시켜야겠다는 생각으로 원고를 마칠 수 있었다. 이런 기억들을 떠올리며 출간을 앞둔 불안감을 잠재웠던 것 같다.

『뉴턴의 무정한 세계』는 가슴으로 읽는 과학책이다. 나는 지난 과거를 기억하고 서술하는 방식이 달라져야 한다고 생각했다. 그래서 한국 과학사를 중심에 놓고, 유럽의 과학사를 우리의 주변부로 상대화시켰다. 과학기술은 우리 삶의 문제이고 우리가 해결해야 할 문제이니까. 지난날의 불행과 고통을 잊지 말고 오늘날 우리가 처한 현실을 직시하자는 뜻에서였다. 왜 과학을 공부하는가? 이 질문에 답하기 위해서는 역사와 시대적 배경을 떼어 놓고 설명할 수 없다. 과학을 공부하는 이유는 바로 우리 삶의 터전을 바꾸는 일이기 때문이다.

책이 나온 후 한 강연장에서 이런 질문을 받았다. "선진국 등 외국의 과학기술과 비교해서 한국 과학기술의 장점이 무엇입니까?" 나는 그 자리에서 주저하지 않고 "우리가 가진 아픈 역사가 장점입니다"라고 대답했다. 식민지 지배는 부끄러워하고 감춰야 할 역사가 아니라 우리의 성장에 자양분이라고 믿고 있었기 때문이다.

'박제가 되어버린 천재' 이상은 아픈 역사의 주인공이다. 『뉴턴의 무정한 세계』를 읽은 독자들은 모두 이상의 이야기에 공감한다. 그리고 이상과 일본의 유카와 히데키湯川秀樹, 1907~1981를 어떻게 비교해서 쓰게 되었냐고 묻는다. 모든 일이 우연히 일어난 사건이었다. 어느 날 유카와가 27세에 중간자를 발견했다는 대목을 읽다가 불현듯 27세를 앞두고 죽은 이상이 떠올랐다. 이상은 일제의 강제병합이 있었던 1910년에 태어났는데, 유카와는 그보다 3년 일찍 1907년에 태어났다는 것을 알게 되었다. 극적으로 다른 두 천재의 인생에 감전된 나는 이상과 유카와의 삶을 쓰기로 마음먹었다.

이상의 시에는 선, 삼각형, 원, 평면, 입체, 유클리드 기하학, 속도, 좌표, 광속, 해부 등과 같은 근대과학의 용어가 나온다. 예컨대 「선에 관한 각서」 연작시는 숫자와 도형, 기호가 어지럽게 나열되어 있다. "제1의아해가무섭다고그리오. 제2의아해도무섭다고그리오." 많은 사람들이 기억하는 「오감도」의 구절이다. 무서운 아해와 무서워하는 아해를 반복하는 구절은 기괴하기 짝이 없다. 독자들이 이상의 시를 이해하지 못하고 불쾌하게 느낀 것은 당연한 일이다.

이러한 점에서 이상의 시가 우리에게 알려 주는 것이 있다. 서양의 근대과학은 지배자의 언어였다는 것. 거의 이해할 수 없고 쉽게 다가갈 수도 없으며, 우리 삶과 겉돌고 군림히는 언어였다. 입장을 바꿔서 서양인들이 한국의 전통과학을 배운다고 가정해 보자. 유럽인들이 기와 음양오행의 자연관으로 처음 과학을 접하고, 한자어로 쓰인 문헌을 보았을 때 심정이 어떠했을까? 아마 한자의 조합과 나열은 외계 암호로 보였을 테고, 무슨 뜻인지 전혀 이해할 수 없어서 답답했을 것이다. 바로 이러한 심정을 이상은 자신의 언어로 풀어서 시로 쓴 것이다. 참혹하고 절망스러운 내면 세계가 추상적인 기하학과 과학적 언어로 표현되었다.

아직도 과학은 우리에게 진입장벽이 높다. 많은 사람들이 중고등학교 때에 수학과 과학을 포기했다는 말을 종종 한다. 그건 우리의 잘못이 아니었다. 『뉴턴의 무정한 세계』는 이러한 문제의식을 가지고 우리가 경험한 과학 자체에 문제가 있음을 드러내려고 했다. 그리고 과학의 개념을 최대한 친절하게 설명하기 위해 노력했다. 과학책이 더 이상 외계어로 쓰인 책이 아닌, 앎의 기쁨이 될 수 있도록 말이다.

개정판을 내면서 이 책을 처음 쓰기 시작했던 때로 돌아가 보았다. 계약서를 쓴 해가 2009년이었고, 탈고하기까지 족히 3, 4년이 걸렸다. 세 번 이상 전체 원고를 뒤엎어 다시 쓰면서 겨우 탈고했던 기억이 생생하다. 지난 10여 년 동안 내 작가 인생에 많은 일이 있었고 그만큼 세월이 쌓여가고 있지만 이 책을 쓰던 시절에 가졌던 비장함과 진지함을 내려놓지 않으려 한다. 과학을 좋아하는 젊은 세대들이 우리 역사에도 관심을 갖기를 바라는 마음에서 다시 책을 선보이게 되었다. 앞으로 한국 과학의 역사를 새롭게 써 내려갈 독자들에게 희망을 걸어 본다.

2023년 초여름에

정인경

우리는 왜 과학을 어려워할까?

과학이 어렵다고들 한다. 내가 과학사를 가르치면서 만난 대학생들과 교사 연수 프로그램에 참여한 학교 선생님들조차 과학이 어렵다는 호소를 자주 한다. 지금 우리가 배우는 과학은 17세기 유럽에서 출현한 근대과학이다. 한마디로 과학은 우리의 이야기가 아니다. 그러면 과학은 누구의 이야기인가? 미국의 철학자 샌드라 하딩Sandra Harding은 보편적이라고 알려진 과학에 주인이 있다고 말했다. 하딩은 자신의 책 『누구의 과학이며 누구의 지식인가?』에서 과학을 "우리의 이야기와 타자의 이야기"로 구분했다. 근대 유럽의 역사에서 탄생한 과학은 서양인에게는 '우리의 이야기'지만, 그 외 지역에서는 '타자의 이야기'라는 것이다.

서양인에게 친숙한 과학은 한국에 살고 있는 우리에게는 남의 이야기다. 우리는 과학이 생산된 역사적 맥락을 경험하지 못했기 때문에, 과학은 서양 천재들의 먼 나라 이야기처럼 생소하다. 또한 과학이 도입되는 과정에서 우리는 식민 지배를 받았다. 우리의 역사·문화·정서를 고려하지 않은 채, 과학은 폭력적으로 이식되고 무조건적으로 주입되었다. 이 과정에서 과학에 대한 문화적 열등감까지 생겨났다. 우리에게 과학은 그저 어렵기만 한 것이 아니라 아픈 상처까지 주었다.

　　우리는 과학이 왜 어려울까? 어떻게 하면 과학을 쉽게 이해할 수 있을까? 이 책은 이러한 문제의식에서 출발했다. 남의 이야기인 과학을 어떻게 하면 우리의 이야기로 소화할 수 있는지를 고민하면서, 과학의 역사를 우리의 관점에서 재구성해야 한다는 생각에 이르렀다. 나는 한국 과학사 전공자로서, 서양 과학사에 대한 책을 쓰며 많은 안타까움을 느꼈다. 과학사를 바라보는 관점은 항상 서양의 근대과학이 중심이었다. 흔히 유럽중심주의석 역사관이라고 하는데, 이러한 관점에서 한국 과학은 세계 과학사에 아무런 기여도 하지 않은, 주변적 위치에서 벗어나질 못했다.

　　또한 한국의 근대사는 서양 제국주의와 과학기술의 폭력 앞에 굴복하고 식민지 지배의 아픔을 겪었다. 유럽의 몇몇 나라를 제외한 세계의 수많은 나라는 우리와 마찬가지로 과학의 주변부였으며 식민지 경험을 가지고 있다. 특히 식민 지배를 받은 나라에서는 서양과 똑같은 관점으로 과학사를 공부해서는 안 된다고 생각한다. 서양의 근대과학이 세계를 변화시킨 지식이라면, 이러한 과학을 수입해서 배우는 데에는 우리의 관점과 입장이 필요하다고 본다.

우리는 왜 과학을 배우는가? 우리는 왜 뉴턴과 다윈을 알아야 하는가? 뉴턴과 다윈이 우리 근대사에 어떤 영향을 미쳤는가? 그동안 우리는 이러한 질문들을 해 본 적이 없다. 결국 과학 공부를 왜 해야 하는지 지금까지 제대로 알고 배우지 못했다는 것이다. 그래서 나는 이 책을 통해 우리의 관점에서 서양 과학사를 다시 살펴보고 궁극적으로 우리가 왜 과학을 공부하는지에 대한 답을 찾고자 한다.

이 책은 한국 과학사와 서양 과학사를 교차시키는 새로운 시도를 했다. 먼저, 우리 역사에서 과학과 관련된 이야기를 찾았다. 이광수, 염상섭, 박태원, 이상 등의 문학 작품을 통해 식민 지배를 겪은 내면의 아픔과 갈등을 이야기의 모티브로 삼았다. 우리의 역사적 현실이 얼마나 폭력, 가난, 전쟁, 식민 지배, 자원 수탈, 봉건제 등으로 참혹했는지를 서술했다. 그리고 과학기술이 이러한 역사 상황과 무관하지 않고 연결되어 있음을 보여 주었다.

그다음에 한국을 중심에 놓고 유럽의 역사를 상대화시켰

다. 다시 말해 기존의 서양 과학사를 낯설게 보기 시작했다. 왜 서양인들이 근대과학을 출현시켰을까? 근대과학의 출현은 세계사적으로 어떤 의미를 가진 역사적 사건인가? 또한 근대과학은 동아시아의 작은 국가인 우리나라에 어떤 영향을 미쳤는가? 우리는 근대 과학기술과 산업화를 앞세운 서양과 일본의 제국주의에 희생되었는데, 서양의 과학기술을 어떻게 바라봐야 하는가? 서양의 과학기술은 식민지인을 포함한 모든 인류에게 이익을 주었는가? 이러한 문제의식은 서양의 과학기술을 비판적으로 성찰하면서 미래의 과학기술이 나아야 할 방향을 모색하는 과정이기도 하다.

이 책에서 다루는 과학의 내용은 한국인이 과학사에서 꼭 알아야 할 것들이다. 근대과학의 성취는 세계와 인간의 존재에 대해 가장 확실한 이론체계를 제공한 것이다. 우리는 누구이며, 어디에서 왔는가? 우주는 어떻게 생겨났으며, 우리는 이러한 우주를 어떻게 알게 되었나? 지금 우리가 살고 있는 바로 여기가 어디이고, 지금 이 순간이 언제인가? 등을 밝힌 것이다. 과거에 철학자들이 질문했던 문제들, 예를 들어 인간은 누구이며 시간과 공간은 무엇인지 등등에 대해 과학자들이 답을 내놓기 시작했다. 역사적으로 과학은 철학·역사와 더불어 인문학에 뿌리를 두고 있다.

최근 한국에서는 과학과 인문학의 융합을 강조하는 분위

기인데, 사람들 대부분은 그 필요성을 절감하지 못하고 있다. 과학은 실재하는 세계를 설명하는 언어로서 인문학 연구에 토대가 되는 학문이다. 누가 지동설과 진화론을 믿고 안 믿고를 개인의 자유라고 하는가? 지구가 태양 주위를 돈다는 지동설과 인간이 진화했다는 다윈의 진화론은 사실이며 진리다. 이처럼 우주, 지구, 생명, 인간을 탐구하는 과학은 인문학이 직관적이고 인간 중심적인 사고에서 벗어나 사실을 바탕으로 한 추론을 가능하게 한다. 우리가 살고 있는 세계를 이해하기 위해 과학과 인문학을 통합적으로 배우는 것은 지극히 당연한 일이다.

과학사는 과학과 역사의 융합 학문이다. 과학과 인문학의 융합, 한국 과학사와 서양 과학사의 융합은 조금은 부자연스럽고 억지스럽게 보일 수 있다. 그런데 이 책에서 융합을 시도한 것은 우리의 관점을 가지고 과학의 핵심을 쉽게 이해하기 위해서다. 식민지 역사라는 어두운 과거를 들춰내는 것이 고통스럽지만, 과학도 우리 삶의 문제였음을 역사가 말해 주고 있다. 나는 뉴턴과 다윈의 과학을 왜 공부해야 하는지를 우리 역사에서 찾고 과학의 중요성과 가치를 확인하고자 한다.

이 책의 제목 『뉴턴의 무정한 세계』는 여러 가지 의미를 담고 있다. 근대과학을 상징하는 뉴턴과 이광수의 소설 『무정』을 연결했다. 그래서 뉴턴이 발견한 세계와 개국 이후 이광수가 직면한 세계를 대비시켰다. 뉴턴은 세계가 무정한 기계와 같이 법칙에 따라 작동한다는 것을 발견했다. 신만이 알고 있다고 여겼던 세계가 뉴턴에 의해 모두 예측할 수 있는 공간으로 바뀌었다. 인간이 세계의 원리를 알아냈다는 자신감은 유럽을 근대사회로 변화시켰다. 그런데 1910년대 이광수가 접촉한 서양의 근대과학은 우리의 역사와 문화, 삶의 뿌리를 해체시키는 무정하고도 잔혹한 세계였다. 이때 이광수는 우리가 과학을 모른다고 한탄했는데, 그로부터 100년이 지난 오늘날까지 과학의 어려움은 해소되지 않고 있다. 우리 입장에서 서양의 근대과학은 '뉴턴의 무정한 세계'였던 것이다.

애비는 종이었다. 밤이 깊어도 오지 않았다.
― 서정주의 「자화상」에서

1부

뉴턴의 무정한 세계

1. 무정

우리는 과연 무식하다

김장로는 방을 서양식으로 꾸밀뿐더러 옷도 양복을 많이 입고 잘 때에도 서양식 침상에서 잔다. 그는 서양, 그중에도 미국을 존경한다. 그래서 모든 것에 서양을 본받으려 한다. 그는 과연 이십여 년 서양을 본받았다. 그가 예수를 믿는 것도 처음에는 아마 서양을 본받기 위함인지 모른다. 그리하고 그는 자기는 서양을 잘 알고 본받은 줄로 생각한다. 더구나 자기가 외교관이 되어 미국 서울 워싱턴에 주재하였으므로 서양 사정은 자기보다 더 자세히 아는 이가 없거니 한다. 그러므로 서양에 관하여서는 더 들을 필요도 없고 더 배울 필요는 물론 없는 줄로 생각한다. 그는 조선에 있어서는 가장 진보한 문명인사로 자임한다. 교회 안에서와 세상에서도 그렇게 인정한다. 그러나 다만 그렇게 인정하지 아니하는 한 방면이 있다. 그것은 서양 선교사들이다.

선교사들은 김장로가 서양 문명의 내용이 무엇인지 모르는 줄을 안다. 김장로는 과학科學을 모르고 철학哲學과 예술藝術과 경제經濟와 산업産業을 모르는 줄을 안다. 그가 종교를 아노라 하건마는 그는 조선식 예수교의 신앙을 알 따름이요 예수교의 진수眞髓가 무엇이며, 예수교와 인류의 관계 또는 예수교와 조선 사람과의 관계는 물론 생각도 하여본 적이 없다.

문명이라 하면 과학, 철학, 종교, 예술, 정치, 경제, 산업, 사회제도 등을 총칭하는 것이라. 서양의 문명을 이해理解한다 함은 즉 위에 말한 내용을 이해한다는 뜻이니 김장로는 무엇으로 서양을 알았노라 하는고. 서양 선교사들은 이러함을 안다. 그러므로 그네는 김장로를 서양을 흉내 내는 사람이라 한다. 이는 결코 김장로를 비방하여서 하는 말이 아니라 김장로의 참 상태를 말하는 것이다. 서양 사람의 문명의 내용은 모르면서 서양 옷을 입고 서양식 집을 짓고 서양식 풍속을 따름을 흉내가 아니라면 무엇이라 하리오. 다만 용서할 점은 김장로는 결코 경박하여, 또는 일정한 주견이 없어서, 또 다만 허영심으로 서양을 흉내 내는 것이 아니라 진정으로 서양이 우리보다 우승함과 따라서 우리도 불가불 서양을 본받아야 할 줄을 믿음(깨달음이 아니요)이니 무식하여 그러는 것을 우리는 책망할 수가 없는 것이라. 그는 과연 무식하다. 그가 들으면 성도 내려니와 그는 무식하다. 그는 눈으로 슬쩍 보아가지고 서양 문명을 깨달은 줄로 안다.[1]

이광수의 소설 『무정』의 한 대목이다. 1917년 『매일신보』에 연재되었던 『무정』은 1918년 단행본으로 발간되어 폭발적인 인기를 누린 작품이다. 일제에 식민 지배를 받던 1910년대에 남녀 간의 사랑을 전면에 내세운 대담한 연애소설이었다. 등장인물들은 자신의 감정과 처지를 솔직히 표현하는 근대적 인간이었다. 경성학교 영어 교사였던 주인공 이형식은 그 시대에 영어를 아는 깨어 있는 지식인이었다. 그는 구한말 우국지사였던 박진사의 딸 박영채와 정혼한 사이였다. 그러나 기구한 운명이 그들을 갈라놓고 이형식 앞에 근대교육을 받은 신여성 김선형이 등장했다. 앞에 인용한 글은 김선형의 아버지인 김장로를 묘사한 내용이다.

『무정』에서 김장로는 1910년대 서울에서 내로라하는 가문의 개화 지식인이었다. 1876년 개국을 하고 서양 문물을 받아들인 지 어언 40여 년이 지났지만, 우리는 서양 문명을 잘 모를 뿐더러 과학도 잘 모른다. 『무정』은 김장로라는 인물을 통해 이광수가 그려 낸 우리의 초상이었다. 자칭 조선에서 진보한 문명 인사도 서양 문명을 잘 모른 채 그저 흉내만 내고 있었다. 김장로는 서양 옷을 입고 서양식 집에서 살면 서양 문명을 저절로 아는 것이라고 순진하게 믿고 있었다. 서양이 우리보다 우월하니까 그저 본받아야 할 줄로만 알고 맹목적으로 따르는 우리는 참으로 무식하다! 이렇게 이광수는 자조적으로 '무식하다'는 말을 몇 번씩 썼다.

20세기 전후에 한반도는 혼돈 그 자체였다. 낡은 봉건제는 순식간에 무너지고, 서양 문명이 성난 파도처럼 몰려들었다. 기독교에서 증기선, 대포, 철도에 이르기까지 '서양'이라는 것이 한 덩어리로 들이닥쳐서 정신을 못 차릴 지경이었다. 그 와중에 일본 제국주의의 침략을 받고 열등 민족으로 전락했다. 어디로 가야 할지 방향타를 잃고 헤매는 순간에 이광수는 뜨거운 가슴을 가진 청춘남녀를 등장시켰다. 『무정』의 주인공들인 형식과 선형, 영채는 자신의 욕망을 발견하고 자유연애를 통해 성장했다. 우리나라 최초로 1만 부 판매를 돌파한 『무정』은 이들 남녀의 심각관계가 중심축이었다. 각자 자신의 뜻을 따라 사랑과 운명을 결정하는 자유연애가 무정한 세계를 구원할 것처럼 다가왔던 것이다.

『무정』의 결말은 해피엔딩이다. 어쩔 수 없이 기생이 되어 성조를 잃고 자살을 결심한 영채는 극적으로 마음을 바꾸었다. 개화된 신여성 병욱을 만나 자신의 삶을 억압했던 봉건적 인습과 맞섰다. 그동안 영채를 괴롭혔던 모진 풍파는 구시대의 잔재였다. 제국주의의 침략, 봉건적 가부장제, 가난과 멸시, 기생이 되었던 운명, 성폭행, 가문과 연인으로부터의 배신은 차례차례 영채의 인생을 유린했지만, 영채는 유교적 도덕을 강요하는 조선 여성의 운명을 거부했다. 무정한 세상, 무정한 사람, 무정한 시절을 뒤로하고 구식 여성에서 신식여성으로 다시 태어났다.

『무정』은 낡고 어두웠던 구시대와 선을 그었다. 그리고 밝고 희망찬 문명개화의 시대를 열망했다. 조선의 청춘남녀는 자유연애를 하며 능동적으로 자신의 사랑과 운명을 결정했다. 봉건적 관습에 순종하던 영채까지 새로운 세상에 눈을 떴다. 그들은 조선의 미래를 위해 해외 유학을 선택했다. 영채와 그녀의 친구 병욱은 일본 유학을 준비하고, 형식과 선형은 미국 유학을 떠나려 했다. 기차를 타고 가던 중에 우연히 만난 이들은 낙동강 근처에서 홍수 피해 현장을 목격했다. 근심스러운 마음에 서로 모여서 열띤 토론을 했다. 그리고 가난으로 고통받는 조선 민중을 과학과 교육으로 계몽하자는 결의를 다졌다.

저들에게 힘을 주어야 하겠다. 지식을 주어야 하겠다. 그리하여 생활의 근거를 안전하게 하여주어야 하겠다.

"과학科學! 과학!" 하고 형식은 여관에 돌아와 앉아서 혼자 부르짖었다. 세 처녀는 형식을 본다.

"조선 사람에게 무엇보다 먼저 과학을 주어야 하겠어요. 지식을 주어야 하겠어요."

(중략)

"그러면 어떻게 해야 저들을⋯⋯저들이 아니라 우리들이외다. 저들을 구제할까요?" 하고 형식은 병욱을 본다. 영채와 선형은 형식과 병욱의 얼굴을 번갈아 본다. 병욱은 자신이 있는 듯이,

"힘을 주어야지요! 문명을 주어야지요!"

"그리하려면?"

"가르쳐야지요! 인도해야지요!"

"어떻게요?"

"교육으로, 실행으로."

영채와 선형은 이 문답의 뜻을 자세히는 모른다.

(중략)

"나는 교육가가 될랍니다. 그리고 전문으로는 생물학生物學을 연구할랍니다." 그러나 듣는 사람 중에는 생물학의 뜻을 아는 자가 없었다. 이렇게 말하는 형식도 물론 생물학이란 참뜻은 알지 못하였다. 다만 자연과학自然科學을 중히 여기는 사상과 생물학이 가장 자기의 성미에 맞을 듯하여 그렇게 작정한 것이라. 생물학이 무엇인지도 모르면서 새문명을 건설하겠다고 자담하는 그네의 신세도 불쌍하고 그네를 믿는 시대도 불쌍하다.[2]

문명개화의 시대가 과학에 거는 기대가 컸다. 그런데 김장로가 서양 문명의 참뜻을 모르고 그저 서양 문명을 흉내 내고 본받으려 했던 것처럼, 형식도 생물학이 무엇인지 모르면서 생물학을 연구하겠다고 다짐했다. 그래서 "생물학이 무엇인지도 모르면서 새문명을 건설하겠다고 자담하는 그네의 신세도 불쌍하고 그네를 믿는 시대도 불쌍하다"고 한탄을 했던 것이다. 이렇게 김장로나 이형식이나 과학을 모른다고 넋두리하는 것은 이광수 자신도 과학을 모른다는 솔직한 고백이었다. 하지만 이광수는 과학을 배우고 계몽하면 조선이 문명국이 될 수 있다고 믿었다. 유학 갔던 주인공들이 돌아오면 그들이 앞장서서 조선을 문명화할 것이다!

과연 『무정』의 해피엔딩은 실현 가능성이 있을까? 무엇보다도 영채의 극적인 변화가 놀라운데, 영채가 단번에 봉건적 억압을 뛰어넘게 한 저 신비의 묘약은 무엇인가? 유학을 가서 과학을 배우면 조선의 해방이 이뤄지는가? 이광수는 1922년에 발표한 『민족개조론』에서도 과학적 방법론을 신봉했다. 시간, 속도, 운동, 측량, 관찰, 실험, 베이컨, 데카르트를 언급하며 민족개조론의 논리가 타당함을 주장했다. 그에게 과학은 무정하고도 잔혹한 봉건제를 극복할 수 있는 신비의 묘약이었다. 그런데 이광수는 과학을 잘 모르면서 과학을 믿고 있었다. 서양 과학이 우리 민족을 살릴 만큼 그렇게 믿을 만한 것인가? 왜 "과학! 과학!" 하고 부르짖던 이광수의 계몽주의는 실현되지 않았을까?

도대체 우리에게 과학은 무엇이었나?

우리는 『무정』의 김장로나 이형식처럼 서양 과학을 모를 수밖에 없었다. 서양 과학은 개국과 동시에 밀려들어 온 '서양 문명'이라는 이름의 외래 문화였다. 차근차근 배울 틈도 없이 제국주의의 침략 과정에서 강제적으로 이식된 것이다. '악이 무엇인가?'라는 질문에 누군가가 '내 생각을 타인에게 강요하는 것'이라고 답했다고 하는데, 아무리 좋은 것이라도 강요에 의한 것은 결코 반가울 수 없다. 그런데 우리는 이광수처럼 서양 과학을 무조건 좋은 것으로 인식하고 있다. 정말로 우리에게 서양 과학이 좋은 것이었는지 살펴 보자.

　우리가 서양 과학의 존재감을 확실히 느끼게 된 사건은 1840년 전후에 중국에서 일어난 아편전쟁이었다. 세계의 중심이었던 중국, 청나라 왕조가 영국의 침략에 속수무책으로 당했다는 소식이 전해진 것이다. 하늘이 무너지는 것 같은 충격적인 사실이었다. 불과 50여 년 전에 청의 건륭제는 1793년 자신의 80세 생일을 축하하러 온 영국의 사절단을 단호히 돌려보냈다. "우리는 결코 이상한 물건에 가치를 둔 적이 없을 뿐 아니라, 너희 나라의 물건이 조금도 필요치 않다"며 위세를 부렸는데, 영국에 너무나 쉽게 무릎을 꿇은 것이 어떤 연유인지 의아할 뿐이었다.

당시 국제 정세는 영국과 청의 충돌이 불가피했다. 영국의 확장세는 청나라의 턱밑까지 왔는데 청나라만 그것을 몰랐을 뿐이다. 이미 18세기에 영국은 포르투갈과 네덜란드, 프랑스 등의 유럽 세력을 인도양에서 제압하고, 19세기에는 중앙아시아와 동남아시아까지 군사적 진출을 감행했다. 무굴제국을 무너뜨리고 인도를 식민화하는 데 성공한 뒤, 아시아의 맹주인 청나라를 호시탐탐 노리고 있었다. 서양과 동양의 충돌은 아편이라는 부도덕한 상품에서 시작되었다. 영국은 중국산 차, 도자기, 비단, 각종 장식품의 수입으로 무역적자가 심각해지자, 인도에서 양귀비를 키워 다량의 아편을 청에 수출했다. 청나라에는 곧 수백만 명의 아편 중독자가 생겨났고 중국의 근대사는 비참한 고통 속에 빠졌다. 그런데 조금의 도덕적 가책도 없었던 영국은 청의 아편 단속을 빌미로 군대를 동원했다. 영국의 요구는 전면적인 시장 개방이었다.

4척의 무장 증기선, 540개의 대포, 28척의 수송선, 4,000명의 병사, 연료용 석탄 3,000톤! 1839년 영국 의회의 승인을 받고 출항한 함대의 규모였다. 남쪽의 홍콩과 광저우부터 시작된 영국군의 공격은 1842년 상하이를 거쳐, 명나라 수도였던 난징까지 밀고 올라왔다. 이때 중국인들은 지금까지 볼 수 없었던 가공할 존재를 보게 되었다. 대포로 무장한 증기선이었다! 증기선은 산업혁명을 달성한 영국의 과학기술력으로 탄생한 것이다. 영국은 막 대서양 횡단을 달성한 외륜선外輪船, paddle steamer을 군함으로 개조해 전쟁에 투입했다. 이 외륜선은 바퀴 모양의 추진기가 달린 증기선의 초기 모델이었는데 바다가 잔잔할 때는 돛을 이용하고 거친 파도가 일 때는 나무와 석탄을 때는 증기 기관의 힘을 이용했다. 아편전쟁의 영웅, 영국 군함 네메시스 호는 증기 기관 여섯 개를 장착하고 있었다.

증기선의 성능은 영국군도 놀랄 만큼 강력했다. 목재로 만든 청나라의 정크선은 네메시스 호의 포탄 몇 방이면 부서져 버렸다. 해안가를 누비던 청의 해군은 순식간에 궤멸되었다. 증기선은 험한 바람과 조수에도 끄떡없이 전진했고, 수심이 얕은 해안지대나 강의 운하까지 항해할 수 있었다. 영국의 전투 병력이 신속하게 중국의 내륙지방 깊숙이 침투할 수 있었던 것은 양쯔 강의 대운하를 타고 운항할 수 있는 증기선 덕분이었다.

역사에 제2차 아편전쟁으로 기록된 1860년 전투에서 증기선은 다시 한번 그 위력을 발휘했다. 20년이라는 시간은 증기선을 더욱 발전시켰다. 바퀴 모양의 추진기인 외륜은 스크루 프로펠러로 대체되었고 선체는 목재에서 어떤 포격에도 견딜 수 있는 4.5인치 두께의 철판으로 바뀌었다. 군함으로 변신한 증기선을 믿고 영국과 프랑스의 연합군은 선전포고도 없이 도발을 감행했다. 영국 군함 41척과 병력 수송선 143척,

프랑스 함선 63척이 동원되었다. 이번에는 청의 수도, 베이징까지 급습해서 황제의 여름별궁이던 원명원圓明園을 불태웠다. 청에 파견된 조선의 사신은 서양의 침략에 청의 황제가 도주하고 베이징이 함락되었다는 소식을 전했다. 그 웅장하고 화려했던 원명원이 잿더미로 변한 현장을 보고 조선인들은 경악했다. 중국 5,000년의 문명이 서양의 군홧발에 처절히 유린되었던 것이다.

　이뿐만이 아니었다. 1853년에는 미국 동인도함대 사령관 페리Matthew C. Perry, 1794~1858가 함대를 끌고 와 일본인들에게 함포사격을 가했다. 페리 함대를 처음 목격한 일본인들은 불타는 화산이 바다에 떠 있는 것이라고 생각했다. 검게 칠해진 선체에 검은 연기를 뿜어내는 '흑선黑船'은 미국의 요구가 받아들여질 때까지 일본의 해안가에 며칠씩 정박해 있었다. "더 이상 외교가 아니라 공갈"이라고 여겨질 만큼 미국의 태도는 고압적이고 위협적이었다. 증기선의 검은 연기와 총소리에 놀란 일본인들은 미국이 요구하는 개항을 받아들이지 않을 수 없었다.

　서양 세력의 동아시아 침략이 본격화되자, 중국과 일본에 이어서 조선의 앞바다에 프랑스 함선 3척이 나타났다. 1866년에 일어난 병인양요였다. 5년이 지난 1871년에는 미국 함대가 쳐들어온 신미양요가 일어났다. 1875년에는 강화도에 일본 군함 운요호雲揚號가 무력시위를 벌였다. 개항 10여 년 만에 증기 군함을 생산했던 일본은 필사적으로 서양의 과학기술을 따라 잡아 조선을 침략하기에 이르렀다. 일본은 일찍이 미국에 당한 방식 그대로 조선의 개국을 강요했다. 결국 조선도 군함과 대포의 힘에 굴복하고 서양 문명을 맞이했다.

아편전쟁이 일어나기 전까지 중국이나 조선에서 서양의 과학기술은 야만의 것, 그 이상도 이하도 아니었다. 유교문명의 질서에 비추어 보면 유럽의 근대문명은 이질적인 의미에서 야만의 풍속이었다. 돌이켜보면 16세기부터 에스파냐, 포르투갈, 네덜란드의 상인들이 중국 땅을 찾아왔으나 그다지 위협적인 존재는 아니었다. 팽팽하게 맞서던 동·서양의 힘의 균형이 깨진 것은 19세기에 들어서였다. 비약적으로 발전한 서양의 군사기술이 중국과 일본, 조선을 제압했다. 동아시아 각국은 야만으로 간주했던 서양 문명과 과학기술을 인정하지 않을 수 없게 되었다.

물론 증기선과 대포는 서양 과학이라기보다는 서양의 군사기술이라고 할 수 있다. 그렇지만 조선인이 처음 접한, 상징적인 의미에서 서양의 과학기술은 증기선과 대포였다. 서양 문명은 17세기의 과학혁명, 18세기의 산업혁명, 19세기의 제2차 산업혁명으로 성취한 과학기술문명이었다. 세계사에서 근대 유럽의 등장은 '유럽의 기적'이라고 불릴 만큼 극적이었다. 과학기술을 발판으로 300년 동안 성장한 유럽은 식민지 쟁탈전에 뛰어들어 전 세계를 지배했다. 유럽만이 증기 기관과 강철, 전기를 독점적으로 생산할 수 있었기 때문이었다. 동아시아의 봉건왕조는 유럽 제국주의에 패배할 수밖에 없었다. 이미 '전쟁의 산업화'를 이룬 제국주의 국가들을 상대할 수는 없었던 것이다. 이들은 전신이나 기관총과 같은 최신식 무기를 개발하고 전쟁물자를 산업적으로 대량생산하고 있었다. 이 시기에 서양 과학기술은 제국주의의 힘이었다.

2. 기계, 인간의 척도가 되다

1854년, 페리 함대는 불평등 조약을 체결하기 위해 일본을 다시 찾았다. 이때 그들이 선물로 준비한 것은 4분의 1로 축소한 모형 기관차였다. 물과 석탄을 실은 탄수차炭水車와 객차 1량이 궤도 위에 설치되었다. 시속 20마일의 속도로 달리는 기차를 처음 보고 일본인들은 열광적으로 반응했다. 그다음에는 전신기 시범이 있었다. 1마일 떨어진 임시 막사에서 케이블을 통해 선기 신호가 전달되는 것을 시연했다. 눈 깜짝할 사이에 일어나는 묘기에 일본인들은 또다시 감탄했다. 이러한 일본인들을 보며 페리는 "계몽이 불완전한 국민들에게 과학과 진취적인 정신의 성과를 의기양양하게 보였디"라며 좋아했다.[3]

　이렇듯 서양인들은 과학기술에 자부심을 가지고 있었다. 아니 자부심을 넘어선 우월감이었다. 증기 기관을 발명하고 산업혁명에 성공하자, 영국인을 비롯한 서양인들은 스스로 자연을 정복했다는 도취감에 빠졌다. 증기 기관은 그 이전 시대에 바람, 물, 가축 등 자연에 의존했던 동력원에서 벗어나 자연을 지배할 수 있는 기계였다. 증기 기관이 있으면 태평양을 건너고 시베리아를 횡단할 수 있었다. 과학기술의 발전에 한껏 고무된 서양인들은 자연을 지배한다는 것이 곧 역사적 진보라고 믿었다. 나아가 식민지를 침략하고 지배하는 것도 서양 문명의 진보를 확인시키는 일이라고 생각했다.

쥘 베른Jules Verne, 1828~1905의 『80일간의 세계 일주』는 이러한 배경에서 나왔다. 1869년에 수에즈 운하가 뚫리면서 영국에서 인도까지 여행 기간이 반으로 단축되었다. 철도와 증기선을 이용해 80일이면 지구를 한 바퀴 돌 수 있다! 과거에는 생각할 수 없었던 일이 가능해진 것이다. 1873년에 출판된 『80일간의 세계 일주』가 폭발적인 인기를 얻자, 쥘 베른은 공상과학소설이라는 새로운 장르를 개척했다. 『해저 2만리』, 『지구 속 여행』, 『지구에서 달까지』, 『달나라 탐험』 등에서 잠수함이나 우주선과 같은 첨단 기계가 등장했다. 세계 일주로 시작된 모험은 바다와 땅속 세계를 탐험하고 지구 대기권으로 벗어나 우주로 날아올랐다. 증기 기관에서 나온 그의 영감은 1879년에 나온 『스팀하우스』라는 작품에서 절정을 보여주었다.

쥘 베른이 구상한 스팀하우스는 코끼리 형상을 한 거대한 강철기계였다. 코끼리 다리 4개는 증기 기관으로 움직이고,

코끼리의 긴 코에서는 증기를 뿜어냈다. '강철거인'이라 불리는 기계장치는 레일이 없는 인도의 정글을 누비며 갠지스 강을 유유히 헤엄쳐나갔다. 그런데 『스팀하우스』의 증기 기관은 수많은 동물 중에서 코끼리 모양을 하고 있었다. 쥘 베른은 인도에서 코끼리가 신성한 동물로 숭배된다는 점을 이용해서, 인도의 문화적 전통을 무지와 미신의 상징으로 격하시키고 있었다. "순례자들 중에 맨 앞에 선 사람들은 허공을 향해 팔을 들고는 코끼리를 향해 팔을 펼쳤다. 그리고 허리를 구부리더니 무릎을 꿇고, 이어서 땅 먼지에 닿을 때까지 엎드려 절했다." 이렇게 공상과학소설은 증기 기관을 모르는 인도인들을 어리석고 우스꽝스럽게 보이도록 묘사했다.[4]

쥘 베른은 이 소설에서 서양 과학기술의 우월성을 노골적으로 드러냈다. 증기 기관을 처음 본 인도인들은 놀라서 반쯤 얼이 빠졌는데, 서양인들은 코끼리 증기 기관 뒤에 숨어서 이런 상황을 즐기고 있었다. 인도인들을 조롱하고 비웃는 모습이 역력히 나타나고 있었다. 이것이 19세기 말 유럽인들의 정서였다. 『스팀하우스』는 증기 기관을 만들 수 있는 과학적 사고에 탁월한 영국인이 인도를 지배하는 것은 자연스러운 현상이라고 이야기하고 있다. 쥘 베른을 포함한 유럽인들은 유럽 식민주의가 미신과 무지에 대한 과학과 이성의 승리라고 여겼다. 과학과 기술이 자연을 정복했듯이 식민지 정복 사업은 인류에게 유익한 일이라고 믿었다. 나아가 자원을 이용할 줄 모르는 미개한 지역을 유럽 제국주의가 개발하는 것은 바람직하다고 생각했다.

이렇듯 과학과 기술은 서양인의 우월성을 증명하는 척도가 되었다. 한 줌도 안 되는 영국인이 수억의 인도인을 지배할 수 있었던 것은 과학기술을 바탕으로 한 군사력의 승리였다. 전 지구적 패권을 잡은 서양인은 인종적 우월감에 사로잡혔다. 유럽에서만 과학혁명과 산업혁명이 일어난 역사적 사실에 자부심을 느꼈다. 서양인들은 과학과 기술의 소유권을 가진 만큼 인류의 주인이 될 자격이 충분히 있다고 확신했다. 이렇듯 과학기술은 인종적 우월감은 물론 식민 지배의 정당성까지 부여했다.[5]

반면 서양 제국주의에 유린 당한 비서양인들은 과학기술에 대한 열등감과 무력감, 두려움을 갖게 되었다. 서양 제국주의의 침략을 막지 못한 패배감이 의식 깊숙이 자리잡았다. 증기선, 대포, 철도, 전신 등을 처음 접했을 때 받은 충격은 서양 문명과 과학기술에 대한 이미지를 형성했다. 서양의 근대과학을 이해할 수 있는 언어 체계가 없는 상태에서 과학기술은 자신의 열등함을 확인시켜 주는 무서운 기계였다. 서양의 과학기술은 증기선이나 대포와 마찬가지로 식민지의 자연과 인간을 지배하고 억압하는 서양 문명의 물리력이었다.

쥘 베른의 소설에 등장하는 서양인의 우월감은 개항 이후 조선에 들어온 서양인들 사이에서도 만연해 있었다. 1887년 경인철도 부설 현장에서 해괴한 일이 벌어졌다. 공사 책임을 맡고 있던 미국인 기술자가 총으로 조선인의 상투를 맞혀 떨어뜨린다는 소문이 나돌았다. 당시 한성판윤이었던 이채연李采淵이 사태 파악에 나섰는데, 캘리포니아 출신의 필립이라는 기술자가 상습적으로 폭력을 휘두르고, 장난삼아 100미터 거리에서 걸어가는 사람들의 상투를 쏘아 혼비백산하게 만든다는 것이었다.[6]

   이 사건이 단지 해프닝에 불과한가? 실제 서양인들이 소지했던 총은 세계 곳곳에서 토착민들을 놀라게 만들었다. 어느 아프리카인은 총이 발사되는 것을 보고 "우리는 모두 짐승에 불과합니다"라고 소리치며 도망쳤다고 한다. 총 앞에서 인간은 무기력하고 굴욕적인 존재로 전락하는데, 그렇기에 서양인들은 힘없는 식민지인에게 총을 사용했다. 총이 발사되는 순간, 인간이 짐승처럼 공포에 질려 도망치는 모습을 보며 최신 무기의 성능과 우월감을 만끽할 수 있었기 때문이다.

   만약에 과학기술의 도입이 제국주의의 침략에 의한 것이 아니라면 이렇게까지 무례하지는 않았을 것이다. 증기 기관차를 처음 본다는 것은 매우 신기하고 놀라운 경험인데, 우리는 서양인들처럼 증기 기관차를 감탄하고 즐기지 못했다. 우리의 뜻이 아니라 제국주의의 필요에 의해 강제로 이식되었기 때문에, 그들의 멸시와 조롱을 피할 수 없었던 것이다. 이러한 광경이 생생히 드러난 글이 있다. 아래는 러일전쟁을 취재하러 온 스웨덴 종군기자 아손 그렙스트W. A:son Grebst가 쓴 글이다. 아손 그렙스트는 1905년 1월 1일 아침, 부산역에서 기차를 탔다. 그날은 1904년 11월 10일에 완공된 경부선 철도가 처음으로 운행된 날이었다. 플랫폼에는 기차를 구경하러 온 조선인들이 모여들었고, 그는 기차 안에서 그 광경을 보고 있었다.

> 8시였다. 5분 후에는 기차가 출발할 예정이었다.…플랫폼은 이 대사건을 구경하러 나온 코레아인들로 온통 흰색 일색이었다.…그들 대부분은 처음 역에 나온 것이고, 따라서 기관차도 처음 보는 것이다. 기관차의 역학에 대해서는 조금도 아는 바가 없는 그들이었기에 무슨 일이 일어날지 몰라 대단히 망설이는 눈치였다. 이 마술차를 가까이에서 관찰하기 위해 접근할 때는 무리를 지어 행동했다. 여차하면 도망칠 자세를 취하고 있으면서도 서로 밀고 당기고 하였다. 그들 중 가장 용기 있는 사나이가 큰 바퀴 중 하나에 손가락을 대자, 주위 사람들은 감탄사를 연발하면서 그 용기 있는 사나이를 우러러보았다. 그러나 기관사가 장난삼아 환기통으로 연기를 뿜어내자 도망

가느라고 대소동이 일어났다. (중략)

　나는 객실 창가에서 이 소동을 지켜보았다. 참 흥미진진했다. 가장 웃음이 나오는 것은 키가 난쟁이처럼 조그마한 일본인 역원들이 얼마나 인정사정없이 잔인하게 코레아인들을 다루는가를 지켜보는 일이었다. 그들이 그런 대접은 받는 것은 정말 굴욕적이었다. 그들은 일본인만 보면 두려워서 걸음아 나 살려라 하고 도망갔다. 행동이 잽싸지 못할 때는 등에서 회초리가 바람을 갈랐다. 키가 작은 섬사람들은 회초리를 쥐고 기회만 있으면 언제고 맛을 보여 주었다. 그 짓이 재미있는 모양이었다. 사실 사람들이 멍청하고 둔하게 행동할 때 때려 주는 것만큼 속후련한 일이 또 어디 있을까?

　그동안 시간은 흘러 흘러 8시하고도 5분이 지났고, 15분이 지나 출발 준비가 완료됐을 때는 8시 30분이었다. 기관차가 마침내 기적을 울리고 천천히 달리기 시작하자 주위의 일본 사람들은 우렁차게 '반자이(만세)'를 외쳤지만, 이 열차를 타고 갈 예정이었으나 플랫폼에서 지체된 코레아 사람들은 기차를 타기 위해 필사적으로 달려왔다. 그들은 또 한 차례의 회초리 세례를 받아 결과적으로 기차와 더 떨어질 뿐이었다. 장면 장면이 우스꽝스러움을 더해갔다.

　부산역의 이 북새통에서 내가 마지막 본 장면은, 그 무리들 중에서 제일 왜소한 일본인이 키 크고 떡 벌어진 한 코레아 사람의 멱살을 거머쥐고 흔들면서 발로 차고 때리다가 내동댕이치자, 곤두박질을 당한 그 큰 덩치의 코레아 사람이 땅에 누워 몰매 맞은 어린애처럼 징징 우는 모습이었다.[7]

우리 속담에 있는 개구리가 올챙이 적 모른다는 말처럼 서양인들도 증기 기관차를 처음 보았을 때 육중한 쇳덩어리가 살아 움직인다고 호들갑을 떨었다. 일본인도 미국의 페리가 가져온 증기 기관차를 보고 열광했다. 그런데 부산역에서 처음 기관차를 본 조선인들 앞에서 그들은 대단한 위세를 떨고 있다. 일본인 기관사는 쓸데없이 기적소리를 내면서 순진한 조선인을 우롱하고, 일본인 역무원은 채찍으로 조선인의 등짝을 후려치는 재미에 빠져 있다. 이 광경을 보는 서양인은 일본인에게 조선인이 일방적으로 당하는 모습에 연신 폭소를 터뜨리고 있다. 그들에게는 '즐거운 장난'일지 모르겠지만 영문도 모르고 당하는 입장에서는 울화통이 치미는 일이다.

이 글을 쓴 아손 그렙스트는 당시의 광경을 지극히 서양인의 시선으로 바라보고 있다. 소동극이라는 말에서도 알 수 있듯 그는 재미있는 코미디 한 편을 보고 있는 관객이었다. 키가 난쟁이처럼 작은 일본인한테 덩치 큰 조선인이 혼쭐나는 상황이 우스워서 죽을 지경이다. 쥘 베른의 『스팀하우스』에서

코끼리 증기 기관차에 절을 하는 인도인을 보는 것처럼, 아손 그렙스트는 바보들의 연기를 감상하고 있다. 그는 조선인이 정말로 굴욕적일 것이라고 동정하다가, 멍청한 행동에는 때려 주는 것이 최고라고 일본인을 두둔한다. 이러한 이중적 태도에는 동양인인 일본인과 조선인 모두를 깔보는 마음이 잘 드러나 있다.

　이런 모멸적 태도는 어디서 나온 것일까? 아손 그렙스트는 조선인을 "'기관차의 역학'에 대해서는 아는 바가 조금도 없는 그들"이라고 표현했다. '기관차의 역학'을 모른다는 것이 멸시의 이유였다. 서양인과 일본인은 기관차에 대해서는 물론 식민 지배를 가능하게 한 주요 과학이론과 기술적 업적을 잘 알고 있었다. 특히 과학기술이 군사기술에 어떻게 적용되고, 어느 정도 큰 능력을 발휘했는지 직접 경험했다. 반면 조선인들은 아주 사소한 과학기술조차 모르는데, 이러한 식민지인의 무지가 서양인과 일본인에게 우월감을 주는 원천이었다. 제국주의자들은 식민지인에게 과학기술을 알리는 데에는 무관심하고, 오직 과학기술을 식민 지배에 강압적으로 이용하고 있을 뿐이었다.

사회진화론을 읽다

증기 기관차만큼 조선인에게 충격을 준 서양의 과학이 있었다. 바로 사회진화론이다. 세계는 바야흐로 제국주의 시대였고, 나약한 한민족은 제국주의 열강의 희생양이 될 수 있다는 이론이었다. 약한 자는 강한 자에게 잡아먹히는 약육강식의 세계에서, 강한 자만이 살아남는다는 적자생존의 논리는 조선의 지식인들을 섬뜩하게 만들었다. 사회진화론이 조선에 본격적으로 소개된 것은 러일전쟁 전후였다. 1905년 11월 을사조약이 체결되고 대한제국은 일본의 보호국으로 전락했다. 한반도 곳곳에 무장한 일본 군인과 경찰이 활개를 쳤다. 경부선 개통식 때처럼 일본인들이 기분 내키는 대로 폭력을 휘둘러도 당해야 하는 처지가 되었다. 대한제국의 외교권과 재정권은 물론 철도, 우편, 무역, 해운, 통신 등 모든 근대화 사업까지 일본인의 손아귀로 들어갔다.

을사늑약은 대한제국의 국권을 강제로 탈취한 일본 제국주의의 파렴치한 만행이었다. 대한제국의 몰락을 목전에 두고, 조선인들은 자신의 몸을 던지며 항거했다. 민영환閔泳煥, 1861~1905은 고종 황제와 2천만 동포 앞으로 유서를 남기고 자결했다. 그의 뒤를 이어 조병세, 이명재, 이상철, 송병선 등이 음독자살했고, 이듬해 의병을 일으켰던 74세의 최익현崔益鉉, 1833~1906은 오랜 단식 끝에 목숨을 끊었다. 민영환은 그의 유서에서 "슬프다! 국치와 민욕이 이에 이르렀으니 우리 인민은 장차 생존경쟁 속에서 모두 멸망하게 되었다"라며 탄식했다.

생존경쟁, 그리고 멸망! 절박한 상황에서 조선의 지식인들은 중국에서 건너온 사회진화론 서적을 열렬히 탐독했다. 멸망하지 않고 살아남을 수 있는 길을 찾기 위해서였다. 중국의 사상가 량치차오梁啓超, 1873~1929가 쓴 『음빙실문집飮氷室文集』은 지식인들 사이에서 필독서로 읽혔다. '음빙실'은 얼음을 먹고 정신을 차린다는 뜻으로, 량치차오가 자신에게 붙인 호였다. 『음빙실문집』은 량치차오가 1896년부터 1902년까지 7년간 쓴 글을 모아서 18권의 책으로 출간한 것인데, 청일전쟁 이후 중국의 현실을 고뇌하는 그의 정치사상을 담고 있었다. 그중에서 제국주의의 세계 질서를 사회진화론의 시각으로 풀어 쓴 것이 조선인의 가슴에 와닿았다.[8]

대표적인 민족사학자 박은식朴殷植, 1859~1925은 1906년 『대한자강회월보』에서 '진화, 생존경쟁, 약육강식이 공례公例가 되는 시대'라고 진단하고 한민족의 분발을 촉구했다. 을사조약 체결 이후 한반도는 애국계몽운동, 국권회복운동으로 들끓었다. 수많은 학교가 세워지고 사회단체가 결성되었다. 각종 신문 매체는 제국주의의 침략으로 한민족이 멸망의 위기에 처한 것을 개탄하고 교육과 계몽으로 나라를 살리자고 외쳤다. 박은식을 비롯한 애국지사들은 사회진화론을 받아들여 민족적 위기를 극복하고자 했다. 그러나 사회진화론의 논리적 함정에 대해서는 모르고 있었다.

사회진화론은 다윈이 자연 세계에서 도출해 낸 진화의 법칙을 인간 사회에 적용한 것이다. 생물이 생존경쟁을 통해 진화한 것처럼 민족, 국가, 인종 간의 경쟁은 인류를 진보시킨다는 논리였다. 그런데 여기에서 경쟁은 선의의 경쟁이 아니었다. 강한 자가 약한 자를 짓밟고 올라서는 적자생존의 공식을 따랐다. 생존경쟁과 적자생존의 진화론을 인간 사회에 적용하는 것은 무서운 유비추론이었다. 그런데 이론보다 더 무서운 일이 현실세계에서 벌어지고 있었다.

서양 제국주의 세력이 몰려드는 서세동점西勢東漸의 시대에 대한제국은 근대적 개혁과 서양 문명 배우기에 안간힘을 썼다. 그런데 근대화는 서양 문명을 배우기만 해서는 안 되는 일이었다. 전쟁을 일으켜 약한 민족을 폭력으로 제압해야 달성할 수 있었다. 일본의 적자생존은 독립된 주권국가가 되는 것에서 끝나지 않았다. 동아시아의 약소국을 제물 삼아 제국주의 국가가 됨으로써 근대화를 이룩했다. 일본의 근대사는 1895년 청일전쟁, 1900년 의화단 사건의 진압, 1905년 러일전쟁, 1910년 한일병합, 그 이후에 제1·2차 세계대전 참전 등 전쟁으로 점철되었다. 전쟁을 통해 일본은 군사기술을 도입하고 산업혁명에 성공했으며 국민통합을 이뤄냈다. 또한 서양 국가들과 대등하게 외교적 협상을 하고 전쟁의 전리품인 식민지를 나눠 가졌다.[9]

진보·경쟁·적자생존의 사회진화론은 일본과 같이 제국주의의 길로 가는 데 합당한 논리였다. 제국주의의 식민지 확장을 정당화하는 침략자의 이데올로기였던 것이다. 그런데 조선과 중국의 지식인들은 사회진화론을 비판적인 눈으로 바라보지 못했다. 오히려 사회진화론을 내면화하고 전쟁과 침략으로 얼룩진 일본의 근대화를 모델로 삼았다. 사회진화론을 내면화한다는 것은 제국주의의 올가미에 걸려든 꼴이었다.

　　처음으로 돌아가 이광수의 『무정』을 떠올려 보자. 교육과 과학으로 문명개화된 세상을 열자는 주인공 형식의 외침은 이광수의 계몽주의 사상이었다. 물리학이나 화학이 아니라 생물학을 연구하겠다는 형식의 결심은 사회진화론의 영향일 것이다. 형식은 시대적 과제를 해결하기 위해 과학과 계몽을 부르짖지만, 스스로 고백한 것처럼 생물학이 무엇인지 몰랐다. 개항 이후 우리가 접한 서양 과학기술은 증기선과 대포로 무장한 서양 제국주의의 물리력이었고, 사회진화론과 같은 열등감을 자극하는 이데올로기였다. 이는 결코 우리에게 좋은 것이라고 할 수 없는데, 우리는 진화론도 모르면서 사회진화론을 받아들이고 뉴턴과학도 모르면서 계몽주의를 부르짖고 있었다.

　　또한 서양 근대과학은 유교적 세계관을 가진 우리에게 낯설기 그지없는 지식이었다. 동양적 감성과 정서로는 이해하기 어려운 언어체계를 가졌기 때문이다. 흔히 패러다임이 다르다고 하는데, 서양 근대과학은 유럽의 문화와 전통에 뿌리를 두고 있어서 우리에게는 이질적일 수밖에 없다. 이러한 근대과학이 일제의 식민 지배와 함께 수용되면서 더욱 폭력적인 방식을 띠었다. 우리의 문화와 역사를 전혀 고려하지 않은 채 강압적으로 이식되었던 것이다. 이 과정에서 우리의 자존심은 과학으로 인해 부당하게 상처 입었다. 서양 과학과 기술을 모른다고 얼마나 멸시와 조롱을 받았는가!

식민 지배는 서양 과학과 기술을 우리 토양에 맞게 소화하고 그 경험과 지식을 축적할 기회를 빼앗았다. 우리는 식민지 시기를 거치면서 과학과 기술을 제대로 배우지 못했다. 뉴턴과학이 어떤 내용이며 어떻게 보편적 진리가 되었는지, 과학혁명과 근대과학의 출현이 왜 유럽 역사에서 그토록 중요한 의미를 지니는지, 유럽이 어떻게 과학기술을 발전시키고 세계를 지배하게 되었는지, 서양인들이 가지고 있는 과학기술에 대한 자부심과 우월감은 어디에서 나온 것인지 등등에 대해 잘 모른다. 그동안 과학을 우리 정서에 맞게 해석하고 과학이 생산된 역사적 맥락을 이해하는 과정이 없었기 때문이다.

과학기술을 모르면서 과학기술을 믿는 것은 대단히 위험한 일이다. 일단 우리가 모르는 과학과 기술은 경계해야 한다. 다시 한번 강조하는데, 과학은 하늘에서 뚝 떨어진 것이 아니라 유럽의 역사와 사회 속에서 생산된 지식이다. 유럽의 정치적 이해관계가 개입되고 다양한 가치 체계에 의해 기획된 결과물이었다. 서양인들이 과학기술의 발전을 역사적 진보라고 주장하지만, 그들이 제시한 근대화·산업화·경제성장이 우리 삶을 진정으로 발전시켰는지 비판적으로 검토해야 한다. 그래서 서양 과학의 역사를 우리 입장에서 새롭게 재해석해 보려고 한다. 근대과학의 핵심은 무엇이며, 우리가 이해하기 어려웠던 이유는 무엇인지 차근차근 살펴보자.

3. 근대과학의 핵심은 무엇인가?

슈비쩌 선생 귀하.

서양과학의 발전은 두 가지의 위대한 업적들, 그리스 철학자들에 의한 (유클리드 기하학에서의) 형식논리학적 체제의 발명과 체계적 실험에 의해 인과관계를 찾아낼 수 있는 가능성의 발견에(르네상스기의) 기초하고 있습니다. 제 의견으로는 중국의 현인들이 그러한 단계를 밟지 않았다는 사실에 놀랄 필요가 없습니다. 놀라운 일은 이러한 발견들이 이루어졌다는 사실 자체인 것입니다.

―알버트 아인슈타인[10]

아인슈타인은 1953년에 친구에게 보낸 편지에서 서양 과학의 특성으로 수학과 실험을 꼽았다. 유클리드 기하학과 실험적 방법은 동양에는 없고 서양에만 있는 것이다. 특히 우리가 이해하기 어려운 것이 유클리드 기하학이라고 불리는 서양 철학의 전통이다. 동양의 수학이 계산하는 학문이라면, 서양의 수학은 증명하는 학문이었다. 증명이란 어떤 주장이 논리적으로 맞는지 틀리는지를 밝혀내는 것인데, 여기서 중요한 것이 '논리적 추론'이다. 우리는 흔히 수학을 자연과학의 한 분야라고 여기지만, 엄밀히 말해 수학은 자연 세계를 탐구하는 학문이 아니다. 수학은 처음부터 끝까지 인간의 머릿속에서 생각한 것들을 끄집어내 명제를 만들고 그 명제의 참과 거짓을 가리는 학문이다. 다시 말해 수학은 실재하는 세계가 아니라 가상의 것을 다루는 학문이라고 할 수 있다.

아인슈타인이 말하는 '유클리드 기하학의 형식논리학 체계'는 이성을 중시하는 서양 철학의 전통에서 나왔다. 동양 철학은 경험을 중시하는 반면, 서양 철학은 인간의 이성을 통해 진리에 도달하는 방법을 중점적으로 탐구했다. 그리스의 철학자 피타고라스Pythagoras, 기원전 560~480년경 이후에 플라톤Plato, 기원전 427~347년경은 서양 철학의 전통을 세운 중요한 인물이다. 플라톤은 눈에 보이지 않는 진리의 세계를 '이데아'라고 불렀다. 변화하고 생성하는 현실 세계는 불완전하지만, 현실 세계의 배후에 변치 않고 영원한 이데아의 세계가 있다고 보았다. 예컨대 우리가 눈에 보이는 삼각형은 진짜가 아니며, 그 어딘가에 완벽한 삼각형이 있다고 본 것이다. 플라톤의 이데아는 관념적이지만 '보이지 않는 세계'에 진리가 있다는 관점을 제시해 수많은 과학자에게 영감을 주었다.

플라톤은 『티마이오스』라는 책에서 진리에 도달하는 방법을 찾았다. 먼저 자연 세계의 사물을 탐구하는 자연과학, 그다음에 수학, 그리고 철학의 순서로 올라갈수록 참된 진리에 접근할 수 있다고 보았다. 눈에 보이는 자연 세계를 관찰해 단순한 원리를 찾아낸 뒤 수학적으로 표현하는 것! 이것이 바로 진리라는 것이다. 이 점에서 플라톤은 서양 과학의 연구방법을 제시했던 것이다. 자연 세계가 수학적 법칙을 따른다는 것은 피타고라스나 플라톤 같은 서양 철학자들의 믿음에서 나온 것이다. 수학이야말로 누구나 명쾌하게 인정할 수 있는, 단순하고 변치 않는 원리를 제공한다고 보았기 때문이다.

신은 기하학자다! 우주는 수학이라는 책으로 쓰여 있다! 이러한 믿음을 가지고 우주의 구조를 나타내는 데 점, 선, 원과 같은 기하학적 도형과 숫자 같은 기호를 사용하기 시작했다. 플라톤 이후에 그리스 철학의 전통은 유클리드Euclid, 기원전 259년경 활동를 기점으로 새로운 전기를 마련했다. 유클리드는 그리스 철학자들이 썼던 증명 방법을 정리해 『기하학 원론』을 세상에 내놓았다. 서양에서 성경 다음으로 많이 읽었다는 『기하학 원론』은 내용을 선개한 형식 체계가 독특한 책이었다. 유클리드는 먼저 언어적 혼란을 없애기 위해 점, 선, 면 등의 23개 수학적 용어를 정의했다. 그다음에 직관적으로 명백해서 더는 증명할 수 없는 명제 5개를 공리公理로 채택했다. 이러한 23개의 '정의'와 5개의 '공리'만을 가지고 465개의 수학적 법칙을 논리적으로 증명했다.

유클리드는 이것을 공리적 방법axiomatic method이라고 부르고, 새로운 형식논리학 체계를 창안했다. 이후 공리적 방법은 서양의 모든 학문 분야에서 논증 모델이 되었다. 누가 봐도 명백한 정의와 공리를 가지고 가설을 만들고, 가설을 증명해 이론을 도출하는 방식이 서양 학문에 기본적인 방법으로 자리 잡은 것이다. 서양 과학자들은 어떤 공식이나 가설이 진리라는 것을 인정받기 위해서는 논리적으로 증명하는 과정이 꼭 필요하다고 여겼다. 동양에는 없고 서양에만 있는 유클리드 기하학은 '논리적 추론'의 한 방법이라고 이해하면 될 것이다.

서양 과학에만 있는 자연을 이해하는 또 하나의 독특한 방식은 실험이었다. 실험은 16세기 이후 근대 시대에 들어와 새롭게 등장한 과학적 방법이다. 아리스토텔레스Aristotle, 기원전 384~322가 무거운 공이 가벼운 공보다 빨리 떨어진다고 했는데, 갈릴레오Galileo Galilei, 1564~1642는 실험을 통해 아리스토텔레스의 이론이 잘못되었음을 보여 주었다. 머릿속으로 생각하면 무거운 공이 가벼운 공보다 빨리 떨어질 것 같지만, 실험을 해보면 그렇지 않다는 것을 쉽게 알 수 있다. 이렇게 간단한 실험을 통해 자유낙하 운동이 물체의 질량과는 무관하게 일어난다는 것을 증명했던 것이다. 바로 이 점에서 실험은 근대과학의 성취와 직접적으로 연결된다. 실험이 있었기 때문에 근대과학은 자연의 실재성을 반영한, 가장 믿을 만한 지식으로 인정받았다.

한편 갈릴레오는 실험을 할 때 무거움이나 가벼움과 같은 성질을 양적으로 측정했다. 그는 물체의 성질이나 변화를 숫자로 환산해서 측정하는 방법을 찾았다. 예를 들어 물체의 운동을 시간의 흐름에 따라 위치가 변하는 것이라고 보고, 물체가 이동한 거리를 시간으로 나눠서 속도라는 개념으로 수량화했다. 갈릴레오는 세상에서 일어나는 변화와 운동을 설명하기 위해 물체의 질량·시간·거리·속도 등을 수량화하고 실험을 통해 그 규칙을 찾아내려고 했다.

"자연은 수학이라는 언어로 되어 있다!" 갈릴레오가 늘 강조했던 말이다. 그리스의 철학자들은 우주가 수학적 법칙을 따를 것이라고 믿었지만, 우주에서 일어나는 현상 하나하나를 숫자로 정량화하지는 못했다. 앞서 수학은 실재하는 것이 아니라 인간의 머릿속에서 만들어 낸 것이라고 했다. 갈릴레오는 우리가 보고 느끼고 만지는, 실재하는 자연을 어떻게 하면 인간이 이해할 수 있는 언어로 표현할 수 있을지를 고민했던 것이다. 그래서 빛, 색깔, 소리, 온도, 바람, 비 등 모든 현상을 나타낼 수 있는 '수학이라는 언어'로 상상했다. 이러한 갈릴레오의 꿈은 뉴턴Isaac Newton, 1642~1727에 의해 실현되었다. 뉴턴은 우주 전체를 계산 가능한 공간으로 만들고 자연현상의 비밀을 파헤쳐 그 원리를 예측할 수 있도록 수학적 공식으로 제시했다.

갈릴레오와 뉴턴의 업적을 종합해 보면, 자연 세계를 수량화하고 그 수량화한 개념을 가지고 실험하며, 실험에서 나온 결과를 다시 논리적으로 추론하여 이론화하는 작업이었다. 따라서 서양의 수학과 실험은 자연 세계를 설명하는 언어이자 도구였다. 서양인은 동양인이 전혀 알 수 없는 수학이라는 언어를 만들고 실험도구를 창안해 자기들만의 방식으로 자연 세계를 이해했다. 자연 세계의 수학화와 정량화는 서양 문화 속에 오래전부터 내려오던 그리스의 전통에서 비롯된 것이다. 자연에 대한 수학적 해석이 진리라는 뿌리 깊은 신념이 근대과학을 출현시켰다.

유럽인들은 근대과학의 출현을 과학혁명이라고 부르며 자랑스러운 역사로 기억한다. 그들은 뉴턴과학이 우주의 질서를 밝히자 인간이 신의 경지에 도달한 것과 같은 환희를 느꼈다. 과학혁명을 직접 경험한 유럽인들은 자신들이 세계의 원리를 다 알고 있는 '계몽'된 자라고 믿었다. 그러나 유럽에서 근대과학이 출현했다고 해서 전 세계가 한순간에 근대사회로 바뀐 것은 아니다. 과학혁명이 일어난 16세기 중반에서 18세기까지 우리는 다른 역사적 경험 속에서 살았다.

세계를 바라보는 관점을 바꾼다는 게 얼마나 혁명적인 결과를 가져오는지 깨닫는 것이야말로 우리가 근대과학을 이해하는 첫걸음이다. 코페르니쿠스의 지동설은 가설이 아니라 '사실'이다, 자연 세계는 실재하고 따라서 진리는 자연 세계에 대한 지식이다, 세계는 법칙에 따라 작동한다, 이러한 주장들이 어떤 역사적 의미를 지니는지 이해하는 것이다. 또한 뉴턴이 얼마나 대단한 천재이며 빛, 시간, 공간, 물질, 운동, 중력 등 이제까지 과학에서 해결하지 못한 수많은 주제를 체계적으로 탐구하기 시작했다는 점을 진정 인식하는 것이다. 이제 갈릴레오와 뉴턴의 삶과 고뇌, 그리고 그들이 탐구한 과학 활동을 구체적으로 살펴보자.

갈릴레오, 살아남은 자의 아픔

갈릴레오

나,
갈릴레오는 인류 최초로 우주의 샛별이나
울퉁불퉁한 달나라와 토성의 띠까지 찾아냈지.
또 목성 주위를 돌아다니는 4개의 위성과
수많은 별들로 이루어진 은하수가
늘 새로운 우주로 여행한다는 사실도 확인했지.
믿지 않겠지만 불길한 태양의 흑점들도 찾아냈네.
이 작은 32배율의 망원경도 오랜 연구 끝에
내가 갈고 닦은 솜씨로 직접 만든 거라네.

물론 렌즈도 새로 만들어 마치 대포를 조준하듯
날마다 천체를 뚫어지게 관측했지.

나는 태양이 내 눈을 태워 눈멀기 전에
우주의 무한한 내부를 꿰뚫어 본 사람이지만.
그 전에 태양 대신 지구가 분명히 돌고 있는데도
돌지 않는다고 어쩔 수 없이 부인해야만 했네.
나를 이단으로 몰아 가택연금을 선고한 교황과
예수회 신부들은 지진이나 번개 같은 자연현상이
왜 일어나는지 전혀 모르는 멍청이들이었지.
수천의 가면을 쓴 그들의 목소리는
소름 끼치도록 부드럽고 온유했지.
그들은 밤마다 내 영혼을 갉아먹는 맹수들이었네.[11]

갈릴레오는 1564년 이탈리아의 토스카나에서 태어났다. 궁정
음악가였던 아버지를 닮아 작은 키에 다혈질이었다. 그는 궁
핍한 집안의 장남이 흔히 그렇듯 돈 잘 버는 의사가 될 요량으
로 피사 대학에 들어갔다. 그런데 유클리드와 아르키메데스
에 빠져 수학 공부에만 몰두했고, 학위를 받지 않은 채 대학을
졸업한 뒤 독학으로 1589년 피사 대학의 수학 교수가 되었다.
당시 중세 대학의 수학 교수는 철학 교수 연봉의 10분의 1에
불과한 형편없는 대우를 받았는데, 그마저 재계약에 실패해

고향 토스카나를 떠나게 되었다.

찰싹이는 바닷물 소리, 좁은 수로에서 상인들이 흥정하는 소리, 저 멀리 떠 있는 선박들의 뱃고동 소리, 무기 공장에서 들려오는 쇠 부딪히는 소리. 갈릴레오가 1592년 베네치아 파도바 대학의 수학 교수로 오면서 익숙해진 소리였다. 토스카나의 넓은 초원을 뒤로하고 베네치아로 올 때, 돌아가신 아버지를 대신해 가족을 부양해야 하는 짐이 갈릴레오의 어깨를 누르고 있었다. 대학교수 월급으로는 누이동생의 결혼 지참금조차 마련하기 어려웠다. 갈릴레오는 학생들에게 과외 공부를 가르치는 한편 컴퍼스 같은 실용 도구를 만들어 팔았다.

베네치아로 오기 전, 갈릴레오는 25세에 처음 대학 교수가 된 피사 대학에서 3년 만에 쫓겨났다. 아리스토텔레스의 철학을 비판했다는 이유에서였다. 그리스 철학자였던 아리스토텔레스는 사후 1,000년도 더 지나 중세 유럽에서 부활해 신학·철학·과학 등 모든 학문을 지배하고 있었다. 아리스토텔레스의 사상이 가톨릭교회의 세계관과 잘 들어맞았기 때문이다. 아리스토텔레스의 우주는 중심에 지구가 있고, 지구 주위를 달과 태양이 돌고 있었다. 창조주 하느님이 사는 하늘은 특별하고 신성한 곳이었다. 아리스토텔레스는 우주를 영원불멸한 완전한 세계로 그렸고, 교회 권력자들은 아리스토텔레스의 우주론을 지지했다. 그런데 폴란드의 천문학자 코페르니쿠스는 50년 전쯤인 1543년에 지구가 태양의 주위를 돈다는 지동설을 주장했다.

　우주의 중심이 지구인가, 태양인가? 태양이 도는 것일까, 지구가 도는 것일까? 천동설인가, 지동설인가? 천동설은 말 그대로 하늘이 도는 것이고, 지동설은 지구가 도는 것이다. 코페르니쿠스의 지동설은 명백히 아리스토텔레스의 우주론에 대한 도전이었다. 나아가 창조주 하느님의 신성한 세계를 파괴하고 모독하는 행위였다. 교회 권력자들은 영원불멸한 하느님의 세계에 균열이 가면 그것을 믿고 따르던 지상 세계의 질서도 파괴된다고 보았다. 그들은 중세 사회의 신분질서와 도덕의식이 지동설 때문에 해체될까 두려웠던 것이다. 태양계에서 태양과 지구의 위치를 바꾸는 일이 서양에서는 이렇게 엄청난 일이었다. 종교적 세계관과 경험적 사실 앞에서 갈릴레오를 비롯한 많은 철학자와 천문학자들은 고민하지 않을 수 없었다.

　갈릴레오가 피사 대학에서 쫓겨나 일자리를 찾고 있을 때, 베네치아의 파도바 대학에 교수 자리를 알아봐 준 이는 조르다노 브루노Giordano Bruno, 1548~1600였다. "코페르니쿠스의 우주론은 사실이다!" 이렇게 주장한 브루노는 1600년 종교적 이단 혐의를 받고 화형을 당했다. 그때까지 코페르니쿠스의 우주론은 그럴듯한 천문학적 상상이나 가설로 여겨졌다. 그런데 브루노는 코페르니쿠스의 지동설이 실제적인 모델이며, 교회에서 가르친 이론은 모두 잘못된 것이라고 주장했다. 자신의 신념을 철회하지 않은 브루노는 장작더미 위에서 산 채로 불태워졌다. 그 불꽃은 종교적 권위에 대항하는 모든 학자의 입을 막았다.

브루노의 죽음을 모를 리 없었던 갈릴레오는 묵묵히 그리고 착실하게 아리스토텔레스의 이론을 넘어서기 위한 준비를 해 나갔다. 베네치아에 머무르는 18년 동안 근대 과학자답게 자신의 연구방식을 만들어갔다. 아리스토텔레스의 영향으로 당시 손과 도구를 이용해 직접 관찰하고 실험하는 일은 천한 기술자나 장인이 하는 일이라고 무시되었다. 갈릴레오는 기술이나 실험이 쓸모없는 짓이라는 상식에 반대했다. 그는 생계를 위해 컴퍼스를 만들었던 것처럼 각종 실험 기구를 개발하고 연구했다. 베네치아의 무기 공장에서 힘과 운동에 관한 흥미로운 주제를 발견했고 도르래와 굴림대 같은 기계적 장치에 관심을 가졌다.

갈릴레오는 파도바 대학에서 명강사로 이름을 날렸으나 중세 대학의 좁은 틀이 답답해 견딜 수가 없었다. 더 넓은 세상으로 나가서 지금까지 연구한 이론과 방법을 맘껏 펼치고 싶었다. 대학에서 적은 월급을 받고 생활고에 시달리며 아리스토텔레스주의자들과 소모적인 논쟁을 하는 데 넌더리가 났다. 중세 대학에서 인정받지 못하는, 독창직인 연구와 능력을 권력자와 대중에게 보여 주고 싶었다. 그만큼 자신이 있었다. 이때 갈릴레오의 인생에 돌파구가 열렸다. 바로 망원경이었다.

1609년에 발명된 위대한 망원경은 갈릴레오의 인생뿐 아니라 과학의 역사도 바꾸었다. 갈릴레오는 네덜란드에서 망원경 이야기를 전해 듣고, 천체관측에 써도 손색없는 정교한 망원경을 만들었다. 베네치아의 유리세공 업체에서 정밀한 렌즈를 제공 받고, 처음에는 9배의 배율에서 시작해 점차 20배율, 32배율의 망원경까지 제작할 수 있었다. 멀리 있는 물체를 보는 기구인 망원경은 해상무역업에 사활을 걸고 있는 베네치아에서 즉각 그 가치를 인정받았다. 갈릴레오는 베네치아의 자랑인 산마르코 광장을 지나 성당 종탑 위로 시의원들과 총독을 초청해 망원경 관찰 시범을 보였다. 망원경은 저 멀리 바다 위에 떠 있는 선박들의 작은 움직임까지도 볼 수 있었다. 베네치아 공화국은 갈릴레오에게 파도바 대학의 종신 교수직과 연봉 인상을 들고 나왔다. 그러나 그는 여기서 만족하지 않았다.

갈릴레오는 바다와 육지로 향해 있던 망원경의 렌즈를 높이 쳐들었다. 그의 망원경이 하늘로 향하는 순간, 중세 유럽의 세계관이 와르르 무너졌다. 아무도 망원경을 천문학의 도구로 사용할 수 있다는 것을 생각하지 못할 때 오직 갈릴레오만이 그 일을 해냈다. 처음 망원경으로 본 밤하늘에는 해변의 모래알처럼 수많은 별이 쏟아져 내렸다. 갈릴레오는 고대부터 지금까지 알려진 것보다 열 배 이상에 이르는 무수한 숫자의 별들을 관찰할 수 있었다. 망원경을 돌릴 때마다 수십 개의 새로운 별을 발견하고 별들의 무리인 은하수를 확인했다.

수없이 많은 새로운 별이라니! 아리스토텔레스의 우주론에서 천상계는 변치 않고 완전무결한 곳이어야 했다. 내세를 믿는 중세 신학은 하늘 세계의 영원성과 불멸성을 높이 찬양했다. 그런데 신성하고 변치 않아야 할 곳에 새로운 별들이 생성된 것은 충격적인 사실이었다. 또한 수정구슬처럼 반질반질할 것이라고 믿었던 달의 표면은 울퉁불퉁했다. 달에는 지구처럼 산과 계곡이 있고 바다가 있었다. 그뿐만 아니라 갈릴레오는 태양의 흑점을 발견하고 태양이 자전하는 것까지 확인했다. 태양의 고귀함은 아리스토텔레스의 우주론과 함께 땅바닥으로 곤두박질쳤다. 갈릴레오가 망원경으로 본 우주는 지구의 지상 세계처럼 끊임없이 변화하는 불완전한 곳이었다.

망원경은 또 다른 놀라운 사실을 보여 주었다. 갈릴레오는 목성 주위를 도는 네 개의 작은 별들을 관찰했다. 목성에 위성이 있었던 것이다. 당시에 행성이라고 알려진 것은 수성·금성·화성·목성·토성의 다섯 개가 전부였다. 천동설을 믿는 천문학자들은 지구 외에 다른 행성에도 위성이 있다는 것을 전혀 고려하지 않았다. 오직 우주의 중심인 지구만이 달과 같은 위성을 가질 수 있다고 생각했다. 그런데 목성에서 위성이 발견되자 지구의 특별한 지위가 박탈 당한 것 같은 충격을 받았다. 갈릴레오는 이러한 관측 결과를 『별들의 소식』이라는 소책자로 세상에 발표했다. 1610년 3월 베네치아에서 초판 550권이 인쇄·배포되자 유럽이 발칵 뒤집어졌으며 먼 나라 중국에까지 알려졌다.

갈릴레오는 망원경 덕에 일약 스타로 떠올랐다. 베네치아 공화국이 보장해 주겠다는 종신 교수직과 거액의 연봉을 거절할 만큼 성장했다. 그는 오래전부터 피렌체 공화국을 지배했던 메디치 가문의 궁정 과학자로 일할 기회를 꿈꿔 왔다. 바야흐로 부유한 메디치 가문의 후원을 받으며 자유롭게 연구하고 싶은 그의 소망을 이룰 수 있는 때가 온 것이었다. 그는 『별들의 소식』을 쓸 때부터 메디치 가문과의 협상을 염두에 두고 자신이 발견한 목성의 위성 4개에 '메디치 가문의 별들'이라는 이름을 붙였다. 메디치의 최고 권력자 코시모 2세와 그의 삼형제는 밤하늘에 빛나는 목성의 새로운 별이 된 것이다. 망원경과 이 책을 받은 코시모 2세는 갈릴레오에게 영광스러운 '토스카나 대공의 수석 수학자이며 철학자'의 직위를 내려 주었다.

메디치 가의 궁정 과학자가 된 갈릴레오는 당당히 고향 토스카나의 땅, 피렌체로 향했다. 이제 그는 20년 전 피사 대학에서 쫓겨나 일자리를 찾던 삼류 대학교수가 아니었다. 게다가 코페르니쿠스를 지지했다는 이유로 화형당한 브루노를 떠올리며 두려움에 떨지 않아도 되었다. 그의 망원경은 코페르니쿠스의 지동설이 진리임을 확증하는 수많은 증거를 보여 주었다. 45세의 갈릴레오는 학문적 신념과 열정을 가슴에 품은 채 분신과도 같은 망원경을 들고 피렌체의 군중 앞에 섰다.

아리스토텔레스가 다시 살아나 망원경을 들여다보았다면 코페르니쿠스주의자가 될 것이라고 큰소리쳤다.

갈릴레오가 제시했던 결정적 증거는 금성의 크기와 모양 변화다. 맨눈으로 보았을 때는 구별할 수 없었던 금성의 변화가 망원경으로는 분명히 나타났다. 천동설에서 금성은 지구를 중심으로 일정한 거리를 두고 돌기 때문에 항상 같은 크기로 보여야 한다. 그런데 갈릴레오의 망원경으로 보이는 금성은 가까울 때와 멀어질 때의 크기가 40배가량 차이가 났다. 코페르니쿠스의 공전 궤도와 일치하는 결과였다. 지동설에서 태양을 중심으로 돌고 있는 지구와 금성은 서로 멀어졌다가 가까워지는 것이다. 금성은 지구 안쪽을 도는 내행성이기 때문에 [그림 1] 같이 거리에 따른 모양 변화가 있었다. 갈릴레오가 그린 이 그림은 코페르니쿠스의 지동설을 증명하는 명백한 증거였다.

그런데 천동설을 믿는 천문학자와 신학자들은 망원경을 보지 않으려고 했다. 지구가 돈다는 사실을 인정할 수 없었던 완고한 학자들은 망원경을 의심했다. 갈릴레오가 망원경에 무슨 짓을 해서 이상하게 보이도록 현혹한다는 것이었다. 갈릴레오의 망원경과 관측 결과 모두를 부인했다. 참으로 답답한 노릇이었다. 중세의 낡은 사상을 믿고 있는 사람들, 특히 교회의 권력을 거머쥐고 있는 사람들은 망원경을 보지도, 자신의 생각을 바꾸려고 하지도 않았다.

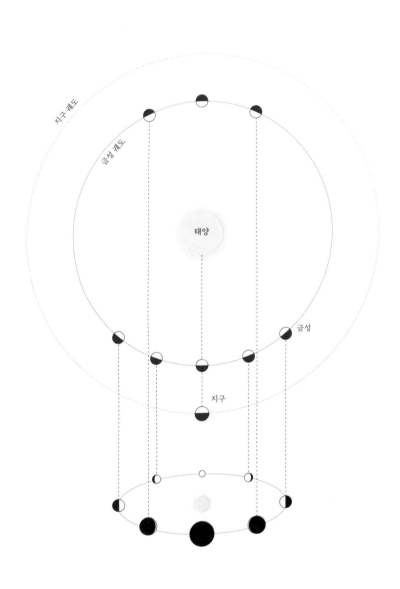

[그림 1] 지구와 금성의 공전 궤도에 따른 지구에서 본 금성의 모양 변화

천동설과 지동설 사이에는 도저히 뛰어넘을 수 없는 벽이 있었다. 성경에 나온 이야기를 믿을 것인가? 내가 직접 본 사실을 믿을 것인가? 지동설이 나오자 우주의 중심이 지구가 아니라는 사실에 모두들 불안해서 술렁거렸다. 성경에 나온 이야기가 사실이 아니라면 무엇을 믿어야 하는가? 무엇이 진리인가? 갈릴레오는 "누구나 내 망원경을 통해서 볼 수 있다"고 말하며 망원경을 통해 눈으로 직접 보고 느낀 사실이 진리임을 천명했다. 자연에 대한 지식이 진리라는 그의 확고한 신념은 근대과학의 출현을 알리는 선구적인 자각이었다.

당시 지식을 독점하고 있었던 성직자와 귀족들은 대중이 직접 망원경을 관찰하고, 자신의 지각과 경험으로 진리를 발견하는 것을 원치 않았다. 교회 권력자들이 전통적 권위를 앞세워 새로운 지식을 받아들이려 하지 않을 때, 갈릴레오는 교회의 무지와 독단에 맞서 싸울 준비를 했다. 당시 신학자들은 갈릴레오에게 물었다. 성경과 자연, 둘 중에서 무엇이 옳은 것인가? 갈릴레오는 성경과 자연 모두 신이 쓴 책이기에 옳지만, 신학과 과학이 서로 대립할 때는 신학이 과학을 따라야 한다고 단호히 말했다. 자연은 실재하는 것이고 바꿀 수 없는 것인 반면 성경은 얼마든지 다르게 해석할 수 있다고 갈릴레오는 주장했다. 신학을 가장 우월한 것으로 여겼던 중세적 세계관에서는 감히 입 밖에 낼 수 없는 혁명적인 생각이었다.

갈릴레오는 위험한 인물로 지목되었다. 1616년 교회로부터 코페르니쿠스의 지동설을 옹호해서는 안 된다는 경고를 받았다. 그런데 갈릴레오는 15년이 지난 1632년『두 개의 주요 우주 체계에 관한 대화』라는 책을 발간하고 지동설의 타당함을 거듭 주장했다. 다음 해 종교재판소는 1616년의 경고를 어긴 것에 대해 유죄 판결을 내리고, 그의 책을 금서 목록에 올렸다. 종교적 이단의 혐의를 받은 갈릴레오는 목숨을 부지하기 위해 자신의 죄를 인정해야 했다. 70세의 노구를 이끌고 재판정에 나와 무릎을 꿇고 참회의 고백을 했다. 코페르니쿠스의 지동설은 잘못된 생각이고 교회의 가르침에 어긋난 것이며 앞으로는 절대 말하지 않겠다고 맹세했다. 그리고 죽는 날까지 죄인으로 가택연금 상태에서 살았다.

하지만 갈릴레오는 자신이 갖고 있었던『대화』의 서문에 "신학자들이여, 이것을 보아라. 지구가 돈다는 사실이 증명될 날이 언젠가는 올 것이다. 그날이 오면 당신네들은 지구는 가만히 있고 태양이 돈다고 주장하는 사람들을 이단자라고 몰아세워야 할 것이다"라고 썼다. 그리고 손을 땅에 짚으면서 "그래도 이것은 움직인다Eppur si mouve"라고 말했다. 그렇지만 권력 앞에 진리와 신념을 부인하고 살아간다는 것은 끔찍한 고통이었다. 한쪽 눈의 시력을 완전히 잃었고 그를 돌봐 주던 큰딸도 세상을 떠났다.

치욕적이고 절박한 그 순간, 갈릴레오는 다시 부활했다. 모든 것을 포기하고 싶은 순간에 과학자로서 마지막 남은 자존심을 버릴 수 없었다. 그는 살아남은 자의 의무를 떠올렸다. 살아남아서 무엇을 할 것인가! 죽음으로 내몰린 종교재판 과정에서 그의 머릿속을 떠나지 않았던 생각이었다. 지구는 움직이고 있다! 운동론을 이해하지 않고서는 지구의 위치를 따지는 우주론도 의미 없는 것이었다. 이제 지구가 움직이는 운동론을 밝혀야 할 차례였다.

천문학의 혁명에서 역학의 혁명으로

지구의 운동을 인정한다는 것은 재앙과 같은 혼란에 맞서는 일이었다. 아리스토텔레스를 지지하는 자들은 새로운 지식을 두려워하고 반대했으며 이해하지도 못했다. 지구가 움직인다면 우리는 왜 그것을 느끼지 못하는가? 지구가 움직인다면 강한 바람이 불어야 할 것이고, 공중에 떠 있는 순간 그 밑의 땅은 휙휙 지나가야 할 것이고, 쏘아 올린 화살은 뒤로 떨어져야 할 것이다. 그런데 그런 일은 일어나지 않는다. 다시 말해 지구는 움직이는데 우리는 느끼지 못하고 있다. 이것이 갈릴레오가 첫 번째로 밝혀낸 '운동의 상대성 원리'다.

　지구의 자전은 인정하기 힘든 일상의 경험이다. 지구는 매일 엄청나게 빠른 속도로, 거의 시속 1,670킬로미터로 돌고 있는데 우리는 전혀 느끼지 못한다. 이것을 갈릴레오는 배를 타고 가는 상태로 비유했다. 배 안에 있으면 배가 움직이는 것을 느끼지 못한다. 그런데 배 안에서 밖을 내다보면 해안가에 다가가는 배의 움직임을 느낄 수 있다. 기차를 타고 갈 때 창문 밖으로 지나가는 나무를 보면서 기차의 속도를 확인할 수 있는 것처럼 말이다. 운동이란 상대적이어서 외부의 움직이지 않는 물체와 비교되지 않는 한 느낄 수 없다. 지구의 자전을 감지하려면 지구 밖으로 나가서 봐야 한다는 것이다.

'상대적'이라는 말은 다른 것과 의존 관계에 있다는 뜻이다. 운동의 상대성 원리는 어떤 관측자를 기준으로 삼느냐에 따라 운동과 정지가 달라질 수 있음을 말한다. 즉 운동과 정지는 본질적으로 구별할 수 있는 것이 아니다. 어떻게 보면 운동하고 있고, 어떻게 보면 운동하지 않는다고 할 수 있다. 이러한 갈릴레오의 주장은 아리스토텔레스의 운동론을 정면으로 반박한 것이다.

아리스토텔레스의 우주론은 중력을 상식적인 차원에서 설명했다. 우주의 중심에는 지구가 정지해 있고, 무거운 물체는 지구를 향해 떨어진다. 운동과 정지를 엄격히 구분했고, 무거움이라는 물체의 성질에서 운동의 원인을 찾았다. 예컨대 가벼운 공기와 불은 위로 올라가는 수직상승 운동을 하고, 무거운 흙과 물은 아래로 내려가는 수직하강 운동을 한다고 했다. 그런데 갈릴레오의 상대성 원리는 운동과 정지, 가벼움과 무거움의 절대적 구별을 없앴다. 주위의 것이 가벼우면 상대적으로 올라가는 것이지, 어떤 상황에서도 절대적으로 운동하는 물체는 없다고 보았다.

이처럼 갈릴레오의 운동은 물체의 질적인 성질과는 무관하고, 운동 상태를 유지하려는 관성의 성질을 지닐 뿐이다. 외부에서 어떤 힘이 작용하지 않는 한, 운동하는 물체는 계속 같은 속도로 운동하고, 정지해 있는 물체는 계속 정지한 상태를 유지하려 한다. 이러한 관성의 법칙은 왜 지구가 계속 움직이고, 달이 지구 주위를 도는지 설명해 주었다. 천체들의 운동은 빅뱅의 순간에 시작되어 지금껏 관성적으로 돌고 있다. 또한 지구 위에서 벌어지는 모든 운동은 지구의 자전과 공전 운동을 공유하고 있다. 그래서 쏘아 올린 화살도 뒤로 떨어지지 않고 앞으로 떨어지는 것이다.

갈릴레오는 아리스토텔레스의 질적이고 목적론적인 세계관에 작별을 고했다. 무거움이나 가벼움 같은 물체의 성질을 운동론에서 추방했다. 그리고 왜 운동하는가를 묻는 목적론에서 벗어날 것을 주장했다. 지구는 왜 돌며 사과는 왜 떨어지는지 분석하기보다 어떻게 운동이 일어나는지 그 현상에 주목하자고 요구했다. 그러고 나서 어떻게 운동을 설명할 것인지에 대한 수학을 제시하였다. 갈릴레오는 자연현상을 가장 효과적으로 나타내는 방법이 수학이라고 믿었다. 자연 세계에서 질량, 밀도, 거리, 시간, 속도, 가속도 등 양적으로 측정할 수 있는 요소를 뽑아 수학적 관계식으로 표현하면 누구나 쉽게 이해할 수 있다고 보았던 것이다.

　자, 예를 들어보자. 세상의 모든 것은 움직이고 변화하는데, 그것들을 찬찬히 들여다보면 시간이 흘러감에 따라 모양이나 상태가 변하는 것이다. 사람이 늙어가고, 강물이 흘러가는 것처럼 물체가 떨어지는 것도 시간의 흐름에 따라 물체의 위치가 변화하는 것으로 볼 수 있다. 갈릴레오는 물체의 운동을 시간과 공간의 이동으로 파악했다. 물체의 빠르기인 속도는 시간의 변화량에 따른 이동 거리의 변화량으로 나타냈다. 즉 속도는 시간으로 이동 거리를 나눈 값이다. 이렇게 갈릴레오는 물체가 지닌 질적인 성질을 과감히 삭제하고 양적인 성질만으로 자연을 설명했다. 자연에 대한 수학적 해석은 갈릴레오의 머릿속에서 상상해 낸 세계였다. 자연과학은 자연 있는 그대로의 모습이 아니라 의도적으로 재구성한 세계라고 할 수 있다. 갈릴레오는 이러한 수학적 해석이 참된 지식의 방법이라고 확신하며 아리스토텔레스의 운동론을 하나씩 격파해 나갔다.

　물체의 낙하운동에서 상식은 무거운 것이 가벼운 것보다 더 빨리 떨어진다는 것이다. 그러나 이것은 머릿속에서 추측한 사실에 불과하다. 막상 실험해 보면 그렇지 않다는 것을 확인할 수 있는데, 모두들 아리스토텔레스의 말대로 낙하 운동이 질량에 의존하고 떨어지는 속도는 일정하다고 믿었다. 과연 그럴까? 갈릴레오는 그 유명한 피사의 사탑 실험에서 무거운 것과 가벼운 것이 동시에 떨어진다는 사실을 밝혀냈다. 피사의 사탑 실험은 실제 행해지지 않았다고 하는데, 어쨌든 갈릴레오는 실험이라는 방법을 이론의 검증에 적극적으로 동원했다. 자유낙하 운동을 분석하기 위해 경사면에 홈을 파고 공을 굴리는 실험을 했다.

갈릴레오는 시간과 거리를 측정할 수 있는 아주 매끄러운 경사면을 고안했다. 공이 경사면을 통과하는 순간 종이 울리도록 설치해 시간에 따른 위치의 변화, 즉 속도를 측정했다. 이 실험에서 공은 아래로 내려올수록 속도가 빨라졌다. 처음에 1초 동안 하나의 구간을 통과했던 공은 그다음 1초 동안에는 세 구간을, 다시 그다음 1초 동안에는 다섯 구간을 통과하는 식으로 속도가 점점 증가했다. 그런데 일정 시간 동안 일어나는 속도의 변화, 가속도는 일정했다. 놀라운 발견이 아닐 수 없었다. 자유낙하 운동은 물체의 질량에 아무런 영향을 받지 않는 등가속도 운동으로 밝혀졌다. 물체의 낙하 운동이 질량에 의존하고 속도가 일정하다는 아리스토텔레스의 이론을 완전히 뒤엎은 결과였다.

갈릴레오가 자유낙하 운동에서 찾아낸 가속도는 뉴턴의 고전역학에 실마리를 제공했다. 자유낙하 운동은 중력이라는 힘에 의해 아래로 떨어지는 운동이다. 갈릴레오가 밝힌 등가속도 운동에서 중력이라는 힘은 속도의 변화, 즉 가속도로 나타났다. 운동 상태를 변화시키는 힘은 정지해 있는 물체를 움직이게 하고, 운동하는 물체의 속도를 빠르게 하거나 방향을 바꾼다. 힘이 가속도로 작용한다는 것을 갈릴레오는 이해하고 있었던 것이다. 뉴턴은 이러한 갈릴레오의 운동개념을 체계화해 운동 제2법칙인 $F=ma$(F=힘, m=질량, a=가속도)에서 가속도 a($a=F/m$)를 힘 F로 나타냈다. 갈릴레오가 죽음의 문턱에서 완성한 『두 개의 새로운 과학에 관한 논의』는 이와 같은 뛰어난 통찰을 담고 있었다. 이 책이 1638년 네덜란드에서 출판되었을 때 갈릴레오의 눈은 멀어 있었다.

　　갈릴레오의 업적은 16세기 지식의 위기를 극복하고 고대 그리스의 철학을 대체할 새로운 진리를 내놓은 것이다. 플라톤의 이데아, 아리스토텔레스의 영원불변의 세계는 눈에 보이지 않고 변화하지 않는 세계에 진리가 있다고 한 것인데, 갈릴레오는 눈에 보이는 현실 세계에서 진리를 끌어냈다. 과학이 진정 믿을 만한 지식인지, 새로운 과학이 무엇이며 진리에 이르는 확실한 방법이 무엇인지 모두가 의심할 때, 갈릴레오는 고대 문헌이나 성경이 아니라 자연 세계에 진리가 있음을 보여 주었다. 그가 치열하게 만들어 낸 역학의 개념에는 믿을 만한 지식의 방법론으로 수학과 실험이 녹아 있다. 자연 세계에 대한 수학적 해석과 직접 관찰하고 경험한 지식이 바로 새로운 시대의 진리였던 것이다.

4. 우리는 뉴턴주의자다

자연과 자연법칙들은 어둠 속에 있었네.

그때에 신이 말씀하시길, 뉴턴이 있으라, 하시니 모든 것

이 밝아졌네.

—알렉산더 포프Alexander Pope, 1688~1744

아이작 뉴턴은 1642년 크리스마스 날, 영국 링컨셔Lincolnshire
의 작은 마을에서 태어났다. 아버지는 뉴턴이 태어나기 전에
사망했고 어머니는 그가 두 살이 되던 무렵 재혼했다. 뉴턴은
외가에서 부모의 사랑을 받지 못하고 어린 시절을 보냈다. 열
살이 되던 해 어머니가 다시 과부가 되어 세 명의 이복동생과
돌아왔으나 뉴턴의 마음을 따스하게 감싸 주지는 못했다. 어
린 시절에 받은 상처로 정신적 장애와 우울증에 시달렸던 뉴
턴은 평생 결혼하지 않고 오직 과학연구에 몰두하며 살았다.

날카로운 콧날, 각진 턱과 매섭게 빛나는 눈. 초상화에 그려진 젊은 날의 뉴턴은 범상치 않은 사색의 소유자였다. 1669년 27세의 젊은 나이로 케임브리지 대학에 루카스 수학 석좌교수로 임용되었다. 뉴턴이 활동하기 시작한 17세기는 한마디로 과학의 춘추전국시대였다. 코페르니쿠스의 지동설 이후, 과학은 새로운 지식으로 부상했으나 이론적으로나 방법적으로 정립된 상태가 아니었다. 기존 철학에 대응할 수 있는 이론적 기반도, 사회적 지지도 얻지 못하고 있었다.

케플러Johannes Kepler, 1571~1630, 갈릴레오, 데카르트René Descartes, 1596~1650, 베이컨Francis Bacon, 1561~1626 등의 걸출한 거인들은 서로 다른 이론과 방법으로 맞서는 형국이었다. 케플러는 행성의 부등속 타원 운동을 밝히고 행성의 운동을 설명하는 데 마술적이고 신비한 힘을 도입했다. 그는 윌리엄 길버트William Gilbert, 1544~1603의 『자석에 관하여』를 읽고 난 뒤, 태양이 회전하면서 자기력과 같은 힘을 만들어 행성을 끌어당긴다고 주장했다. 그런데 갈릴레오는 이같이 멀리 떨어진 물체 사이에서 작용하는 신비한 힘에 강력히 반대했다. 갈릴레오의 관심은 오직 물리적 현상이 어떻게 일어나는지 수학적으로 표현하는 것이었다.

데카르트는 갈릴레오와 마찬가지로 보이지 않는 신비한 힘을 인정하지 않았다. 이 세상의 모든 것은 물질과 운동으로 이뤄졌고 모든 작용은 기계적으로 움직인다고 봤다. 색과 모양, 냄새, 소리 등은 물론 인간과 같은 생명체까지 물질과 운동의 작용으로 설명했다. '나는 생각한다, 고로 존재한다'는 명제로 유명한 데카르트는 확실한 것에 이르기 위한 방법적 회의를 주장했다. 반면 '아는 것은 힘이다'라고 주장한 베이컨은 지식의 유용성과 실험적 방법을 강조하고 인간의 감각을 통해 얻는 경험적 지식을 높이 평가했다.

당시 자연철학자들은 모두 자연에 진리가 있다고 주장했지만 저마다 이해하고 설명하는 방식은 달랐다. 케플러의 신비주의적 천문학, 갈릴레오의 수학적 해석, 데카르트의 기계론적 철학, 베이컨의 경험주의 등이 혼재한 채 과학은 분열되어 있었다. 이 순간 뉴턴이 해결사로 등장했다. 아인슈타인이 뉴턴을 보고 적절한 시기에 태어나서 위대해졌다고 평가한 것이 빈말은 아니었다.

프리즘을 든 고요한 얼굴의 뉴턴

뉴턴의 첫 번째 연구는 광학이었다. 빛은 거울을 반사하고 렌즈를 통과했다. 렌즈와 같은 물체의 경계를 지나면서 빛은 구부러지고 꺾이는 굴절 현상을 일으켰다. 이런 오묘한 빛의 성질을 이용해 망원경이나 현미경 같은 광학 기구들이 만들어졌다. 광학기구는 보이지 않는 세계를 탐구하는 데 유용한 과학 도구였다. 뉴턴은 근대과학의 실험적 방법이 참된 지식으로 인정받는 데 혁혁한 공을 세운 장본인이기도 했다. 갈릴레오의 망원경 이후에 뉴턴은 더 발전한 형태의 망원경을 직접 발명하길 원했고 그 과정에서 빛에 관한 근본적인 연구를 시도했다.

빛은 무엇인가? 입자인가, 파동인가? 빛 입자는 무색인가, 색깔을 띠고 있나? 빛의 입자설과 파동설은 아인슈타인이 입자이면서 동시에 파동이라는 결론을 내리기까지 논란거리였다. 17세기에 이르러 드디어 뉴턴이 빛에 관한 연구를 내놓자 본격적인 격론이 벌어졌다. 빛은 빈 공간에서 총알처럼 직진하는 입자라는 것이 뉴턴의 주장이었다. 이에 대해 로버트 훅Robert Hooke, 1635~1703과 네덜란드의 하위헌스Christiaan Huygens, 1629~1695는 파동설을 주장하며 맞섰다. 그런데 뉴턴이 부딪힌 더 시급한 문제는 데카르트의 기계론적 철학이었다.

기계론적 철학자들에게 세상은 서로 다른 물질 입자들의 운동으로 채워져 있었다. 빛은 무색의 단일한 물질 입자로 구성되었고, 색은 빛 입자가 서로 다른 속도로 회전하거나, 프리즘이나 물과 같은 매체를 통과하면서 빛 입자가 변형된 것으로 보았다. 색, 소리, 맛, 냄새 같은 감각적 요소들을 물질의 운동으로만 설명했던 기계론적 철학에서는 어떤 물질도 색을 가질 수 없었던 것이다. 따라서 빛은 당연히 무색이나 백색이어야 했다.

이에 반기를 든 뉴턴은 데카르트 철학이 가지는 관념성을 지적했다. 머릿속에서는 얼마든지 그럴듯한 이론이지만 실험해 보면 다른 결과가 나온다는 것이다. 망원경을 만들면서 발견한 색수차chromatic aberration 현상이 그 예라고 할 수 있다. 망원경으로 보면 상이 또렷하게 맺히지 않고 상 가장자리가 무지개색으로 번지는 현상이 나타났다. 빛에서 왜 무지개 현상이 일어나는 것일까? 데카르트의 이론대로라면, 빛을 교란시키는 렌즈가 색을 발생시킨다고 할 수 있다. 그런데 아무리 렌즈를 개선해 보아도 색수차 현상은 없어지지 않았다. 뉴턴은 렌즈가 아니라 빛에 문제가 있다고 생각했다.

뉴턴은 일명 프리즘 실험, 유리로 된 삼각기둥으로 빛을 관찰했다. 어두운 방에서 네모난 상자에 작은 구멍을 뚫고 프리즘을 갖다 대 보니, 반대편 벽에 기다란 색 스펙트럼이 투사되었다. 빨강에서 주황, 노랑, 초록, 파랑, 남색, 보라의 순서로 색상이 펼쳐졌는데, 색상마다 다른 굴절률을 지니고 있었다. 빨간색은 빨강의 굴절률을, 파란색은 파랑의 굴절률을 가지고 있었다. 몇 번이나 반복해서 비추어도 7가지 색은 바뀌지 않았고, 굴절각 또한 변함이 없었다. 빛은 무색광이 아니라 서로 다른 굴절률을 가진 여러 색들의 혼합광이었던 것이다. 망원경 렌즈에 색수차 현상이 생기는 것도 색마다 다른 굴절률 때문이었다. 파랑 광선은 앞쪽에, 빨강 광선은 뒤쪽에 초점이 맺혀서, 상이 흐릿하게 번져 보였던 것이다. 빨강 광선에 초점을 맞추면 파랑 광선의 초점이 흐려지고, 파란 광선에 초점을 맞추면 빨강 광선의 초점이 흐려졌다. 여러 가지 색의 광선이 한곳으로 초점을 모으는 것을 방해했던 것이다. 빛은 하나의 광선이 아니라 여러 색의 혼합 광선인 것이 분명했다. 뉴턴은 빛을 굴절시키는 렌즈 대신 거울을 이용해 반사 망원경을 만드는 데 성공했다. 그리고 자신의 이론을 논문으로 작성해 발표하기로 마음먹었다.

문제는 기계론적 철학자들을 어떻게 설득하느냐는 것이었다. 데카르트를 비롯한 다른 과학자들도 프리즘 실험을 해 본 적이 있었다. 단순한 프리즘 실험을 가지고 기계론자의 주장을 반박하기는 어려웠다. 고심을 거듭한 뉴턴은 새로운 실험을 고안했다. [그림 2]와 같이 프리즘 하나를 더 설치하고, 첫 번째 프리즘에서 분리된 빛이 두 번째 프리즘을 통과하면서 어떻게 변하는지 지켜보았다. 놀랍게도 빛에서 색이 분리되어 나왔다가 다시 혼합되어 빛으로 돌아갔다. 빛에는 색이 없다는 주장을 한 방에 날려 버릴 만큼 결정적인 실험이었다.

첫 번째 프리즘을 통과한 빨간색은 두 번째 프리즘을 통과해도 그대로 빨간색이었으며 똑같은 굴절률로 꺾였다. 프리즘은 통해 빛이 변형된다면 두 번째 프리즘에서 빨간색은 다른 색으로 변해야 하는 것 아닌가? 그런데 그런 일은 일어나지 않았다. 빛에서 분리된 7가지의 기본 색상은 프리즘을 몇 번이나 통과시켜도 그대로 유지되었다. 또한 첫 번째 프리

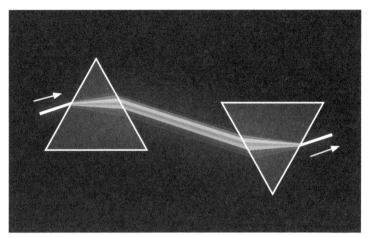

[그림 2] 프리즘 두 개를 사용한 뉴턴의 실험

즘에서 분리된 색은 두 번째 프리즘을 통과하며 원래의 빛으로 돌아갔다.

빛 속에 색이 있었다! 색은 빛의 고유한 속성이었던 것이다. 뉴턴은 기계론자들이 외면했던 사실을 창의적인 실험을 통해 입증했다. 이 실험은 물리학의 역사에서 가장 아름다운 실험 가운데 하나였다. 뉴턴은 이 프리즘 실험을 1672년 왕립학회에서 발표했다. 그런데 이렇게 결정적인 실험을 왕립학회의 과학자들은 인정하려 들지 않았다. 뉴턴의 실험이 독창적이기는 하지만 가설에 불과하다고 평가절하했다. 특히 빛의 파동설을 주장하는 훅은 뉴턴의 입자설을 반박하면서 프리즘 실험의 결과를 공개적으로 비판했다. 자신의 이론과 철학에 맞지 않는다는 이유로 뉴턴의 실험을 신뢰하지 않았던 것이다.

완벽주의자이며 정서적으로 불안했던 뉴턴에게 훅의 비판은 쓰라린 고통이었다. 화가 난 뉴턴은 훅과 몇 차례 서신을 주고받으며 항변했다. 빛의 성질은 결정적인 실험을 통해 확증된 사실인데, 실험에 의해 발견된 사실이 기존의 철학 원리에 맞지 않는다고 배척 받는 것은 잘못된 일이라고 지적했다. 반사 망원경과 프리즘 실험으로 뉴턴은 과학계에 화려하게 등단했지만 그를 견제하는 역풍 또한 만만치 않았다. 과학이 철학의 시녀로 취급 받던 시절에 뉴턴이 처한 현실은 불안하고 궁색했다. 사람들이 과학에 관한 질문을 하면 뉴턴은 "나는 철학적 사변을 폐기했다"라고 냉소적으로 답한 뒤 자리를 피했다. 나중에는 왕립학회를 비롯한 일체의 공적 활동에 발길을 끊고 잠적하다시피 했다.[12]

사람은 사과와 함께 떨어지고, 사과와 함께 일어섰다

17세기 최대의 관심사는 지구의 운동이었다. 지구가 태양을 돌고 있다면 이러한 운동을 가능하게 하는 힘은 무엇인가? 관측된 자료를 바탕으로 지동설을 입증했지만, 그 작용 원리에 대해서는 아직 밝히지 못한 상태였다. 지구의 운동을 이해하는 일은 보통 까다로운 것이 아니었다. 태양계의 행성들은 끊임없이 운동하고, 지구상의 모든 물체는 이러한 우주의 운동에 영향을 받고 있다. 일찍이 아리스토텔레스는 우주를 천상계와 지상계로 나누어 태양계의 운동과 지구에서 일어나는 운동을 분리해서 설명했다. 광대한 스케일의 태양계와 우리가 평소에 느끼는 운동을 서로 연결한다는 것은 누구도 생각하지 못한 일이었다.

야심찬 젊은이였던 뉴턴은 우주를 지배하는 불가사의한 힘을 지구의 운동에 접목했다. 뉴턴이 24세가 되던 1665년, 케임브리지 대학은 페스트가 퍼져 휴교상태였다. 고향마을에 내려간 뉴턴은 그 유명한 사과나무 아래서 사색하며 지구와 달의 작용에 대한 영감을 얻었다. 사과는 왜 땅바닥으로 떨어지는가? 그런데 왜 달은 바닥으로 떨어지지 않는가? 사과를 떨어지게 하는 힘은 무엇이고, 달이 바닥으로 떨어지지 않고 지구 주위를 돌게 하는 힘은 무엇인가? 그는 이 우주의 모든 물체 사이에 서로 작용하는 어떤 힘이 있다는 것을 느꼈다.

뉴턴은 힘에 대해 그 누구보다도 명확한 개념으로 접근해 갔다. 데카르트는 우주를 물질과 운동의 소용돌이 모형으로 상상하고, 눈에 보이지 않는 작은 입자들이 충돌하면서 우주의 운동이 일어난다고 생각했다. 그런데 뉴턴은 운동의 원인을 충돌이라고 보지 않고, 물체 사이에 보이지 않는 힘이 작용한다고 상상했다. 데카르트가 생각했던, 작은 입자가 꽉 들어찬 우주공간을 텅 빈 공간으로 바꾸었다. 그리고 입자들끼리 서로 부딪히지 않고도 힘을 주고받을 수 있다고 보았다. 그동안 비난받아왔던 케플러의 마술적이고 신비스러운 힘을 다시 부활시켰던 것이다. 거리에 상관없이 즉각적으로 작용하고 모든 물체를 통과하는 불가사의한 힘.

　그렇다면 그 힘의 정체는 무엇인가? 뉴턴의 대답은 답답하게도 '모른다'였다. 중력이 왜 작용을 하는지, 그 힘의 정체와 원인에 대해 아는 것은 없다. 그렇지만 그 힘의 크기를 계산할 수 있다는 것이 뉴턴이 내놓은 새로운 대안이었다. 달이 사과처럼 지구를 향해 떨어지지 않는다는 것은 지구 중심의 궤도에 달을 묶어 두는 힘이 있다는 뜻이다. 돌멩이를 끈에 감아서 돌릴 때, 우리는 돌멩이가 밖으로 날아가려는 힘을 느낀다. 이러한 원심력의 크기만큼 어떤 힘이 반대 방향으로 작용하기 때문에 달은 밖으로 튕겨 나가지 않고 지구를 돌고 있다. 지구가 달을 잡아당기는 구심력이 곧 중력이었다. 뉴턴은 이러한 중력을 계산하는 방법을 찾아냈던 것이다.

　중력의 원인은 모르지만 중력의 크기는 알 수 있다! 이런 과감한 선택이 옳은 것인지, 때로는 뉴턴 자신조차 납득하기 어려운 연구에 20여 년 동안 매달렸다. 케임브리지 대학에서 거의 은둔생활을 하며, 논란의 소지가 있는 이론을 발표하지 않고 있었다. 이때 뉴턴을 찾아온 사람은 핼리 혜성으로 유명한 에드먼드 핼리Edmond Halley, 1656~1742였다. 그의 적극적인 권유가 있은 지 2년 만에 『자연철학의 수학적 원리』라는 위대한 작품이 탄생했다. 1686년 "코페르니쿠스 가설의 수학적 증명"이라는 부제를 붙여서 1권이 나왔고, 그 이듬해에 총 3권으로 된 『자연철학의 수학적 원리』가 왕립학회의 공식 후원을 받고 출간되었다.

『자연철학의 수학적 원리』는 과학혁명의 완성을 예고하는 신호탄이었다. 뉴턴은 코페르니쿠스의 천문학 혁명을 운동법칙, 만유인력, 미적분학으로 완벽하게 증명했다. 너무나 완벽해서 유럽의 지식인들조차 이해하고 받아들이기 어려웠다. 뉴턴이 그려낸 세계는 지금까지 우리가 살던 세계를 다시 설계한 듯했다. 모든 것이 새로웠다. 만유인력은 상상을 뛰어넘는 개념이었고, 뉴턴이 발명한 미적분학은 유클리드 이후에 나온 최고의 수학적 방법이었다.

먼저 만유인력에 대해 뉴턴이 거듭 강조한 것이 있다. 모든 물체 사이에서 서로 끌어당기는 힘으로 가정한 만유인력은 물리적 힘이 아니라 수학적 힘이라는 것이다. 뉴턴은 힘의 물리적 원인을 다루지 않고, 그 힘이 작용해 물체가 어떻게 운동하는지를 수학적으로 설명할 뿐이라고 말했다. 수학으로 어떻게 운동을 설명할 것인가? 뉴턴에 따르면 수학으로 표현되는 수식과 기하학적 도형에는 운동이 포함된다는 것이다. 예컨대 공간상의 이동을 나타내는 거리는 방향과 속도가 들어 있는 점들의 집합이다. 점 안에 이미 운동이 들어 있기 때문에 순간 속도를 계산할 수 있고, 짧은 순간에도 움직이는 힘과 운동에 대한 수학적 증명이 가능했다.

그다음에 뉴턴은 절대시간과 절대공간의 개념을 정의했다. 우리의 감각이나 물질에 무관한 절대적 기준으로서 시간과 공간이 있다고 가정했다. 절대시간과 절대공간은 우리 바깥에 있는 영원하고 실재하는 것이며, 세상에 모든 물체가 사라져도 남아있는 그 무엇이었다. 우리의 경험과 감각에서 분리된 수학적이고 추상적인 개념이었다. 뉴턴은 운동을 설명하기 위해 기준 좌표계가 되는 시간과 공간을 설정한 것이다. 결국 그는 자연 세계를 계산 가능한 시공간으로 재구성하는 데 성공했다.

그리고 뉴턴은 세 가지 운동법칙으로 갈릴레오의 운동개념을 계승하고 발전시켰다. 제1법칙은 관성의 법칙이다. 모든 물체는 질량을 소유하며, 질량에는 관성이라는 고유한 성질이 있다. 그래서 모든 물체는 현재의 상태를 계속 유지하려는 관성력을 가진다. 정지해 있는 물체는 계속 정지해 있고, 운동하고 있는 물체는 계속 운동하려는 성향이 있다. 그런데 외부에서 힘이 가해지면 현재의 상태가 변하게 된다. 정지해 있는 물체는 움직일 것이고, 운동하던 물체는 속도가 빨라지거나 방향이 바뀌게 된다. 이렇게 운동 상태를 변화시키는 힘은 속도의 변화, 즉 가속도다. 뉴턴은 운동 제2법칙($F=ma$)을 통해 힘을 질량과 가속도의 곱으로 나타냈다.

제3법칙인 작용과 반작용의 법칙은 모든 물체 사이에 크기는 같고 방향이 반대인 힘이 작용한다는 것이다. 지구가 달을 끌어당기면 달도 지구를 끌어당기듯 물체 사이에는 서로를 끌어당기는 만유인력이 작용한다는 것을 의미한다. 이처럼 모든 물체 사이에 서로를 끌어당기는 힘은 만유인력이라고 하고, 특히 지구가 물체를 잡아당기는 힘은 중력이라고 한다. 이토록 간단한 운동의 세 가지 법칙이 천체의 운동은 물론 지구상의 작은 운동까지 관통하는 기본 사항이었다. 복잡하고 관념적인 군더더기는 전혀 찾아볼 수 없으며, 힘은 무엇인가 같은 궁극적인 질문이나 답변도 하지 않았다. 단지 세 가지 운동법칙만을 적용해 우주의 운동을 모두 설명했다.

이렇게 운동 개념의 뼈대를 만들어 놓은 후에 뉴턴은 수학적 계산과 증명에 많은 시간을 보냈다. 회전하는 원운동의 구심력은 $F=m(V^2/R)$이고, 운동 제2법칙 $F=ma$와 관련지으면 $a=V^2/R$(V=속도, R=반경)이 나온다. 달의 공전주기, 지구와 달 사이의 거리를 알고 있으니 시간에 따른 위치변화와 속도를 구해서 달의 중력가속도를 계산했다. 계산하고, 확인하고, 또 계산을 거듭해서 달의 중력가속도가 $0.00027 m/s^2$이라는 사실을 알아냈다. 이 방식으로 지구의 중력가속도 $9.8 m/s^2$도 구했다. 그다음에 두 중력가속도를 비교하면서 달과 지구 사이의 거리, 태양과 지구 사이의 거리를 따져보았다. 드디어 멀리 떨어져 있는 거리가 중력에 영향을 미친다는 결론에 도달했다. 여기에서 두 물체 사이에 작용하는 만유인력은 거리의 제곱에 반비례한다는 공식($F\propto 1/R^2$)을 유도할 수 있었다.

　뉴턴은 자신이 발견한 이러한 법칙들을 가지고 케플러의 법칙을 재발견했다. 그동안 풀지 못했던 케플러의 부등속 타원운동을 수학적으로 증명한 것이다. 케플러는 일찍이 '행성이 타원운동을 한다면 그 운동을 하게 하는 힘은 무엇인가?'라는 문제를 제기했는데, 뉴턴이 드디어 그 답을 얻었던 것이다. 만유인력이 태양을 중심으로 행성을 끌어당겨 타원운동을 한다는 것을 말이다. 뉴턴은 『자연철학의 수학적 원리』의 <명제 11, 문제 6>에서 "한 물체가 타원 위로 공전한다고 했을 때, 타원을 초점으로 향하는 구심력의법칙을 발견하자"는 명제를 증명했다. 눈에 보이지 않는 힘, 만유인력이 모든 물체 사이에 작용한다는 것이 행성의 운동 궤도를 통해 증명된 것이나 다름없었다.

　이때 뉴턴은 새롭게 만들어낸 미적분학을 활용했다. 운동을 시간에 따른 공간의 이동으로 정의할 때, 대부분의 운동은 시간에 따라 일정하게 움직이지 않는다. 이것을 수학적으로 계산하기 위해 뉴턴은 미적분학을 발명했다. 미적분학은 운동이 불규칙하게 변화하는 추이를 효과적으로 나타내는 방법이다. 예를 들어 행성은 어떤 때는 빠르게 움직이다가 다시 천천히 움직이면서, 시간에 따라 속도가 다르게 나타난다. 뉴턴은 바로 이럴 때 시간을 잘게 쪼개서 매 순간 달라지는 위치변화를 계산하고 일정한 위치변화의 비율을 구했다. 이러한 위치변화율은 속도이고, 속도가 변하는 운동에서 속도의 변화율은 가속도다.

미적분학은 시간, 거리, 속도, 가속도 등을 상호 변환적으로 추적할 수 있다. 가장 쉽게 관측되는 행성의 위치를 가지고 속도와 가속도를 계산할 수 있다. 또한 궤도를 따라 돌고 있는 행성의 위치에서 초기 조건만 주어지면, 시간의 흐름에 따라 변화하는 위치를 정확하게 알 수 있다. 뉴턴이 행성의 타원궤도를 수학적으로 증명할 수 있었던 것은 미적분학이 있어서였다. 케플러는 보이지 않는 힘을 주장했다가 신비주의자로 비난받았는데, 뉴턴은 미적분학을 고안해 중력의 존재를 입증했던 것이다.

한편 뉴턴의 『자연철학의 수학적 원리』는 어려운 책이라는 정평이 났다. 미적분학을 비롯해 극히 수학적이고 추상적인 방법으로 자연 세계를 설명하고 있으니, 고도의 수학적 능력을 가진 몇몇을 빼고는 이해할 수가 없었다. 케임브리지 대학에서 뉴턴이 지나가면 학생이 아무도 모르는 어려운 책을 쓴 사람이 간다고 쑤군거릴 정도였다. 특히 원격 작용하는 힘, 만유인력에 대한 반발이 거셌다. 파리 왕립 과학아카데미는 경험적으로 확인할 수 없는 만유인력과 뉴턴의 이론을 단호히 거부했다. 데카르트 기계론과 철학의 영향력 아래서 프랑스 과학계는 만유인력을 1세기 동안이나 받아들이지 않았다.

이러한 비판에 뉴턴은 어떻게 맞섰을까? 뉴턴의 만유인

력은 말 그대로 보이지 않는 힘이었다. 보이지 않는 힘이었지만, 그 힘이 작용해서 물체들이 어떻게 운동하는지 수학적으로 증명함으로써 만유인력의 존재를 드러냈다. 수학적으로 정식화된 만유인력의 법칙은 지구가 물체를 끌어당기는 힘, 중력이 존재한다는 사실을 보여 준 것이다. 뉴턴은 중력은 존재하고, 자신이 밝힌 운동법칙에 따라 지구의 모든 운동을 설명할 수 있다고 주장했다. 그러면서 솔직하고 당당하게, "나는 이러한 중력의 성질이 나타나는 원인을 알 수 없었고……그렇지만 나는 가설을 만들지 않는다Hypotheses non fingo"라고 선언했다. 아직 모르는 중력의 원인을 설명하기 위해 실험적으로나 수학적으로 검증되지 않은 가설을 만들 수는 없다고 거듭 강조했다.[13]

『자연철학의 수학적 원리』가 출간된 이후 뉴턴의 명성은 유럽 전역에 퍼졌다. 만유인력이라는 한 가지 힘을 도입해 그 힘이 작용하는 지구의 운동을 정확하게 설명했다는 것이 기적적인 일로 받아들여졌다. 우주는 시계처럼 움직이므로 모든 것이 예측 가능하다! 자연의 규칙성은 뉴턴의 세 가지 법칙으로 모두 밝혀졌다. 불확실한 것은 하나도 없고 앞으로 일어날 것들까지 다 예측할 수 있다. 세계는 과학의 법칙에 따라 작동하고, 인과관계가 확실하다는 것이다. 온 세상에 적용되는 원리를 발견했다는 사실에 많은 사람이 벅찬 감격과 흥분을 느꼈다. 뉴턴은 과학계의 영웅으로 떠올랐다.

뉴턴은 분열되어 있던 과학을 통합해 제대로 된 과학의 방법론을 제시했다. 한마디로 과학이 무엇인지를 보여 주었다. 그는 케플러의 신비주의적 힘을 만유인력으로 상상했고, 갈릴레오를 본받아 자연에 대한 수학적 해석을 굳게 믿었다. 또한 데카르트의 기계론적 세계관을 받아들여 우주가 시계처럼 움직이는 예측 가능한 세계라는 사실을 펼쳐 보였으며, 베이컨의 경험주의에 입각해 실험을 통한 검증된 사실만이 진리라고 주장했다. 뉴턴은 광학 연구에서 탁월한 실험과학자의 면모를 드러냈고 『자연철학의 수학적 원리』에서는 이론과학자로서 최고의 능력을 발휘했다. 이제 수학과 실험은 누구도 부인할 수 없는 과학의 방법론으로 인정받게 되었다.

코페르니쿠스의 천문학 혁명에서 시작된 과학혁명은 뉴턴에 이르러 마침내 종결되었다. 뉴턴은 지동설이 제기했던 문제를 완벽히 해결하고 천체역학 혹은 고전역학이라고 불리는 새로운 과학 분야를 개척했다. 그는 천체의 운동과 지상의 운동으로 나뉘었던 세계를 통합해 하나의 운동법칙으로 설명하는 보편적 우주를 발견했다. 과학혁명의 결과로 형성된 근대과학은 '뉴턴과학Newtonian Science', '뉴턴종합Newtonian Synthesis', '뉴턴주의Newtonianism'라는 명예로운 이름으로 불리게 되었다. 이제 '과학' 하면 뉴턴의 고전역학이 떠오를 만큼 그는 사람들의 머릿속에 과학이라는 하나의 이미지를 각인시켰다.

불안한 출발을 딛고 일궈 낸 뉴턴의 이러한 성공은 새로운 과학 연구의 모델이 되었다. 처음에 뉴턴의 이론은 불완전하다는 공격에 시달렸다. 뉴턴은 만유인력이 태양을 중심으로 행성들을 움직이게 하는 힘이라고 밝혔지만, 철학자들은 만유인력의 실체와 원인을 모른다는 것에 불만을 나타냈다. 뉴턴은 대담하게 이만큼 밝혔으면 충분하다고 응수했다. 그리고 실험적 방법과 수학적 증명으로 논증할 수 없는 가설은 만들지 않겠노라고 선언했다. 세상에는 알려지지 않는 빛, 열, 전기, 물질, 감각 등 수많은 연구 과제가 있는데, 그 모든 것을 다 포괄하는 철학을 세우는 것은 오히려 공리공론에 빠질 우려가 있다고 보았던 것이다. 뉴턴은 확실하게 검증할 수 있는 몇 가지를 다루고 그다음은 연구 과제로 남겨 두었다. 현명한 선택이었다. 현대물리학은 아직까지 중력의 원인을 밝히지 못하고 있다.

뉴턴과학을 본받자는 움직임은 과학 분야에만 국한된 것이 아니었다. 17세기 유럽 대륙은 종교 분쟁과 권력 다툼의 아수라장이었다. 종교 개혁 이후에 가톨릭(구교)과 프로테스탄트(신교)의 대립은 극에 달했고, 각국의 왕이 어떤 종파에 속하느냐에 따라 죄 없는 사람들을 죽음으로 몰아넣었다. 종교적 미신과 독단이 판을 치고, 왕의 절대권력을 수호하기 위한 전쟁과 폭력이 난무했다. 이런 상황에서 뉴턴과학은 교회와 정치권력이 저지른 불의와 부패에 눈뜨게 했다. 예컨대 하늘과 땅에서 똑같이 적용되는 만유인력 법칙은 왕권신수설의 신성불가침한 영역을 깨부수었다. 하늘이 왕에게 특별한 권리를 주어 왕이 마음대로 나라를 다스려도 된다는 논리가 잘못된 이데올로기였음을 자각하게 된 것이다.

유럽의 지식인들은 뉴턴과학의 성취에 고무되었다. 1688년 영국의 명예혁명을 옹호했던 정치사상가 존 로크John Locke, 1632~1704는 자신을 '뉴턴의 하수인'이라고 부르며 뉴턴 배우기에 힘썼다. 관찰하고 실험하며 논리적으로 사유하는 과학적 방법을 정치·경제·사회·종교의 각 분야로 확대했다. 그 유명한『통치론』에서 로크는 자유주의적이고 합리적인 사고방식에 입각해 의회 민주주의를 제안했다. 왕의 권력을 제한하고 법에 기초한 의회를 통해 정치 권력을 대체하자고 주장했다. 이러한 입헌군주제가 영국에서 가장 먼저 채택된 것은 근대 과학의 방법론으로, 중세적 낡은 지배구조를 비판할 수 있는 사회적 분위기가 마련되었기 때문이다. 뉴턴과학은 영국 자유주의 정치사상의 아이콘으로 부상했다.

프랑스의 대표적 계몽사상가 볼테르Voltaire, 1694~1778는 1727년 뉴턴의 성대한 장례식에 참석하고 큰 감명을 받았다. 뉴턴 같은 과학자가 국민 영웅으로 추앙받는 광경에 놀라움을 금치 못했다. 프랑스에서 정치적 박해를 받고 망명 중이던 볼테르에게 영국 사회는 신천지였다. 영국에서는 프랑스에서 감히 상상도 할 수 없는 일들이 일어났다. 왕을 교수형에 처하고 종교를 개조하고, 강력한 의회를 조직해 왕의 전제 권력과 맞섰다. 볼테르는 뉴턴의 과학이 데카르트의 철학보다 우위에 있고, 영국의 정치 현실이 프랑스보다 훨씬 앞선다고 생각했다. 그는 뉴턴의 『자연철학의 수학적 원리』 초판 서문의 한 구절이었던 "이성의 빛 속에서 무지의 구름, 마침내 과학으로 걷혔다"가 무엇인지를 영국에서 직접 체험하고 프랑스로 돌아왔다.

볼테르는 수학을 잘하지 못했지만 프랑스에서 뉴턴과학을 소개하는 데 전력을 다했다. 그가 볼 때 뉴턴과학은 가설과 독단을 배제하고 과학적 방법으로 우주의 질서를 찾아낸 성공적인 모델이었다. 인간은 얼마든지 사회의 여러 문제를 해결할 수 있는 이성적 존재로 인식되었다. 나아가 인간의 이성은 무지와 편견을 극복하고 세상을 바꿀 수 있다는 믿음을 주었다. 이렇게 뉴턴과학과 계몽사상은 절대군주제와 교회의 권력에 정면으로 도전하고 개인의 주체적 자각에 불을 지폈다. 볼테르를 비롯한 계몽사상가들이 내걸었던 구호는 새로운 과학과 지식의 보급, 즉 교육이었다. 이성을 통해서 얻은 지식을 배우는 것이 사회를 진보시키는 동력이라고 보았다.

『백과전서Encyclopedie』의 저술과 출판 사업은 이러한 실천적 사회개혁 운동으로 전개되었다. '과학, 예술, 직종에 관한 분류 사전'이라는 부제를 달고, 7만 2,000개에 이르는 항목과

2,500개의 도판으로 구성된 방대한 사전이 제작되었다. 디드로Denis Diderot, 1713~1784와 달랑베르Jean Le Rond d'Alembert, 1717~1783를 주축으로 볼테르, 루소, 몽테스키외 등 140여 명의 이름 있는 사상가들이 사전 제작에 참여했다. 이들은 신의 의존에서 벗어나 인간 스스로 더 나은 미래사회를 만들 수 있다고 확신했다. 이성의 힘으로 자연을 탐구하고 삶의 물질적 발전을 이룩하는 것이 계몽사상가들이 낙관했던 역사의 진보였다.

우리는 과학주의에 부당하게 상처 입었다

서양의 근대과학은 중세 사회의 낡은 질서를 뒤엎고 새롭게 등장한 지식이었다. 과학을 말할 때 앞에 붙은 두 가지 수식어, '서양'과 '근대'는 과학의 정체성을 말해 준다. 과학을 모르는 역사가는 근대를 말할 수 없다고 했을 만큼, 과학은 근대를 연 주역이었다. 15세기 코페르니쿠스의 지동설을 시발점으로 유럽의 봉건 체제에는 균열이 가기 시작했다. 뉴턴과학으로 근대과학이 완성된 뒤 자신감을 얻은 유럽인들은 계몽사상을 통해 사회적 변혁을 요구했다. 드디어 영국의 명예혁명과 프랑스 대혁명이 일어나 왕으로부터 정치 권력을 쟁취하는 데 성공했다. '부르주아'라는 새로운 계급이 지배 권력을 획득하고 입헌군주제와 공화제로 정치체제를 바꾸었다. 또한 경제적으로는 부르주아가 생산수단을 소유하는 산업화와 자본주의적 생산 양식이 나타났다. 이러한 변혁의 출발점에 근대과학이 있었다.

　모든 혁명의 시작은 과학혁명이었다. 그렇다면 과학은 어떻게 중세적 세계관을 무너뜨렸는가? 다시 말해 과학이 어떻게 아리스토텔레스주의와 신학을 물리치고 새로운 진리로 인정받게 되었는가? 앞서 갈릴레오가 했던 말에 주목할 필요가 있다. 자연 세계는 실재하며 고대 문헌이나 성경이 아니라 자연 세계에 진리가 있다! 태양은 내일 떠오를 것이고, 철은 뜨거운 열에 팽창할 것이다. 이처럼 자연은 동일한 규칙이 반복되는 실재였고, 자연 세계를 다루는 과학은 전통적인 형이상학을 대체할 수 있는 대안으로 떠올랐던 것이다. 이때 뉴턴이라는 위대한 천재가 등장했다. 그는 수학과 실험이라는 새로운 과학적 방법론을 발전시켜 자연을 완벽하게 설명했다. 만유인력과 간단한 몇 가지 운동법칙으로 자연 세계가 어떻게 작동되는지를 명쾌하게 보여 주었다. 뉴턴과학이 그려낸 자연 세계에서 불확실한 것은 없었다. 자연 세계는 법칙에 따라 작동한다! 뉴턴 역학은 과학이 무엇인지를 보여 주는 좋은 본보기였다.

　그렇다면 뉴턴과학은 절대적 진리인가? 앞서 근대과학의 핵심에 대해 설명한 것처럼 과학은 자연의 수학화였다. 자연현상을 양적인 요소로 수량화하고, 이 요소들을 수학적 법칙으로 표현한 것이다. 자연 세계를 물질과 운동으로 환원시키고 기계처럼 규칙적으로 움직인다고 보았다. 예를 들어 살아 있는 동물이나 식물이 나타내는 개별적이고 질적인 요소들은 모두 삭제되었다. 동물과 식물은 하나의 사물로 추상화되었고, 자연현상은 수학적 법칙에 종속되었다. 근대과학은 자연을 있는 그대로 본 것이 아니라 기계론적이고 수학적인 관점에서 해석한 것이다. 17세기 유럽이라는 시대와 역사 속에서 세계를 이해했던 방식 가운데 하나였던 것이다. 그러나 나중에는 아인슈타인의 상대성이론에 의해 뉴턴의 고전역학이 지닌 한계가 드러났다. 절대공간이나 절대시간은 없으며, 중력은 뉴턴이 상상했던 것처럼 물체들 사이에서 서로 끌어당기는 힘이 아니었다. 뉴턴과학은 절대적 진리가 아니라 역사적 산물이며 언제든 깨질 수 있는 상대적 진리였다.

그러나 근대과학은 절대적이고 보편적인 진리로 추앙받았다. 뉴턴의 만유인력 법칙은 어디에서나 보편적으로 적용되는 원리다. 그리고 만유인력의 법칙에는 무엇이 좋고 나쁘다는 가치의 개념이나 무엇을 해야 하고 하지 말아야 한다는 도덕적 개념이 포함되어 있지 않다. 이러한 보편적이고 가치중립적인 특성은 근대과학을 절대적 진리로 인식하게 만들었다. 유럽인들은 근대과학을 통해 신의 도움 없이 인간의 이성으로 진리에 도달했다는 자신감을 얻었다. '빛을 비추다'라는 뜻의 '계몽enlightenment'은 신이 없는 캄캄한 세상에 빛을 비추는 진리를 발견해서 신으로부터 독립된 주체로 살아갈 수 있다는 것을 뜻한다. 여기에서 빛을 비춘 진리는 물론 과학이었다. 유럽인들은 과학을 진리라고 확고하게 믿으며 신의 말씀을 과학으로 대체했다. 그리고 중세적 속박에서 벗어나 계몽된 자이자 근대인으로 거듭났다.

유럽인들은 과학이라는 새로운 지식을 생산하며 과학이 진리라는 믿음, 과학이 옳다는 믿음, 과학이 세상을 계몽할 것이라는 믿음을 가졌는데, 이것이 곧 과학주의다. 근대과학은 태생적으로 과학주의를 포함하고 있다고 해도 과언이 아니다. 지구가 태양을 돌고 있는 것과 같이, 자연 세계는 실재하나 과학 그 자체는 가치를 말하지 않는다. 그런데 유럽인들은 자꾸 과학에 가치를 부여했다. 또한 과학이 가진 보편적 특성은 유럽을 상대적 관점이 아니라 보편적 관점에서 보도록 부추겼다. 유럽인들은 과학이 유럽이라는 특수한 지역에서 발생한 역사적 산물임을 인정하지 않았다. 자신들이 보편적 진리를 발견했다고 생각했다. 그래서 다른 문명의 학문과 지식은 근대과학이라는 목표를 향해 발전해야 한다고 가정했다. 예를 들어 '중국에서는 왜 근대과학이 발전하지 않았는가?' 같은 질문을 했던 것이다.

18세기 계몽사상은 이러한 과학주의와 보편주의로 무장한 철학운동이었다. 볼테르 같은 계몽사상가들은 프랑스에서 뉴턴과학을 번역해서 알리며 사회개혁운동에 과학을 도구로 이용했다. 과학의 합리적이고 객관적인 사고가 절대군주와 왕권신수설을 부정하고, 자유와 평등이 보장된 새로운 사회를 건설하는 데 기여할 것이라고 믿었기 때문이다. 프랑스 혁명 와중에 쓴 콩도르세Marquis de Condorcet, 1743~1794의 『인간 정신의 진보에 관한 역사적 개요』는 과학이 역사를 진보시킨다는 확신에서 나온 책이다. 뛰어난 수학적 재능을 지녔던 콩도르세는 볼테르의 다음 세대 계몽사상가로 활약하며 역사적 진보 관념의 결정판이라고 할 수 있는 불후의 명작을 남겼다. 이러한 역사적 경험에서 유럽인들은 과학·이성·진보·계몽의 개념을 보편적 가치로 받아들였다.

바야흐로 18세기는 유럽인들이 식민지 노예 무역에 몰두하던 시기였다. 프랑스 대혁명이 일어났던 1780년대에 매년 60만에서 100만의 아프리카인이 아메리카로 팔려나갔다. 과연 계몽사상가들이 주장했던 이념과 가치가 비유럽의 식민지인에게도 적용되었는가? 그렇지 않다. 과학·이성·진보·계몽의 가치들은 유럽인에게만 해당되는 사항이었다. 계몽사상은 이성적인 유럽인, 과학적이고 합리적인 유럽 문화를 내세우며 서양 문명의 정체성을 만들었다. 그리고 서양 문명을 보편으로 보고 다른 문명을 특수로 보는 '유럽적 보편주의'를 완성했다. 오히려 계몽사상은 비유럽인을 차별하고 배제하는 데 기여했다고 할 수 있다. 유럽인들은 스스로를 근대·합리성·계몽·문명이라는 이름으로 정당화하고, 아시아와 아프리카의 사람들에게는 전통·비합리성·미개·야만의 이름을 붙였다. 그리고 전통에서 근대로, 비합리성에서 합리성으로, 미개에서 계몽으로, 야만에서 문명으로 나아가는 것을 역사적 진보로 규정했다.

19세기 서양인들은 스스로 '문명화의 사명'을 자처하고 나섰다. 식민지 침략과 지배를 합리화하기 위한 기만적인 명분이었다. 서양인들은 문명의 이름으로 야만적인 폭력을 서슴지 않았고, 근대화의 명분으로 식민지를 착취하고 수탈하면서 막대한 이익을 챙겼다. 식민지의 문명화를 외쳤지만, 서양인들은 식민지를 희생시키면서 서양 문명의 우월성과 역사적 진보를 확인했다. 당시 유럽은 식민지의 인력과 자원 없이는 경제적 발전도, 역사적 진보도 이룰 수 없었다. 그런데 서양인들은 19세기와 20세기 초 제국주의 팽창의 명분에 '문명의 빛'을 세계에 비춘다는 계몽사상을 확산시켰다. 계몽사상에서 과학은 앞서 본 것처럼 정치적 도구로 이용된 과학주의였다. 서양 제국주의자들에 손에 쥐어져 있던 과학은 당연히 진보와 문명, 계몽의 이념을 포함한 과학주의였다.

우리는 서양 제국주의의 과학주의에 부당하게 상처 입었다. 사회진화론을 과학이라는 이유로 내면화하고 제국주의의 지배를 운명으로 받아들였다. 식민지 지배와 봉건적 구습에 수치심을 느끼며 과학주의적 감성에 길들여졌다. 우리의 잘못은 과학과 과학주의를 구별하지 못한 데 있다. 과학이 무엇인지 따져 묻지도 않고 과학을 무조건 믿은 것이 잘못이었다. 뉴턴이 태양계의 운동을 밝힌 것이 과학이라면, 계몽사상은 과학주의였다. 서양 제국주의자들은 계몽사상에서 과학을 보편적 가치라고 공언했다. 그런데 외부에서 주어진 보편적 가치는 폭력성을 띨 수밖에 없다는 것을 식민지 역사에서 똑똑히 경험했다. 과학의 보편적 가치란 우리 스스로 사회적 합의를 통해 만들어내는 것이어야 한다. 그러기 위해서는 과학에 관심을 갖고 제대로 아는 일이 무엇보다 필요하다.

이기는 게 희망이나 선이라고
누가 뿌리 깊게 유혹하였나
ㅡ황규관의 「패배는 나의 힘」에서

2부

다윈의 잔인한 표본실

1. 표본실의 청개구리

오장을 빼앗긴 개구리는 진저리를 치며

염상섭廉想涉, 1897~1963의 『표본실의 청개구리』에는 그 유명한
개구리 해부장면이 나온다. 중학교 박물 실험 시간, 해부대 위
의 개구리는 살아 있었다. 배를 갈라서 내장이 다 드러난 상
태에서도 숨을 할딱거렸다. 소설 속의 주인공은 8년이나 지난
박물학 실험을 떠올리며 몹시 괴로워하고 있다. 해부용 칼날
과 바늘에 참혹하게 유린당하는 개구리가 왜 이렇게 잊히지
않는 것일까? 뾰족한 칼끝으로 찌를 때마다 "오장을 빼앗긴
개구리는 진저리를 치며 사지에 못 박힌 채 발딱"거렸다. 그
장면에 감정 이입된 주인공은 개구리가 당한 아픔을 느끼며
몸서리를 쳤다. 시퍼런 칼이 자신을 향해 금방이라도 찌를 듯
이 다가오는 것 같았다. 강박관념은 잠을 빼앗았고, 극도로 예
민해진 신경은 삶을 피폐하게 만들었다.

『표본실의 청개구리』에서 염상섭의 글은 손에 메스를 들고 쓴 것처럼 날카롭고 사실적이다. 마치 의사나 실험 과학자처럼 신중하고 객관적인 태도를 유지하며 자신이 직면한 현실과 내면세계를 낱낱이 파헤쳤다. 해부대 위에 개구리가 처한 잔인하고 고통스러운 장면은 식민지 지식인으로서 겪고 있는 처참한 현실이었다. 식민지는 '근대의 실험실'이라고도 하는데, 그렇다면 식민지인은 바로 실험실의 개구리였던 것이다. 일본 제국주의가 기획한 근대 사회에서 수동적 존재일 수밖에 없는 식민지인은 노예와 같은 삶을 살고 있었다. 일본에서 명문 교토부립중학교를 나온 염상섭도 예외는 아니었다.

『표본실의 청개구리』가 쓰인 1920년, 염상섭은 혹독한 시련을 겪고 있었다. 중학교를 졸업한 뒤, 게이오慶應 대학에 입학한 그는 3·1운동 소식을 듣고 뒤늦게 시위를 주도했다. 이 일로 일본 경찰에 잡혀 100여 일 동안 감옥에서 고초를 겪고, 고학으로 어렵게 다니던 게이오대학을 중도하차하고 말았다. 귀국길에 오른 염상섭은 동아일보의 창간에 뜻을 모아 정치부 기자가 되었다. 그런데 그를 발탁한 선배가 갑자기 퇴사하는 바람에 염상섭도 동아일보를 그만두었다. 6개월 만에 기자 생활을 접고 아무 일도 못 하는 불안정한 생활이 이어졌다. 3·1운동은 실패하고 그토록 원하던 대학 공부마저 포기했다. 염상섭의 마음은 일본 유학에서 맛본 근대사회를 동경하지만, 일본과 조선의 현실적 괴리감은 정신분열증과 우울증을 일으킬 뿐이었다. 처녀작 『표본실의 청개구리』는 이러한 참담한 현실 속에서 쓰였다. 소설은 허구가 아니라 염상섭의 있는 그대로의 삶이었던 것이다.[14]

식민지 지식인은 삶의 방향성을 갖지 못하고 고뇌와 번민 속에서 살아가고 있었다. 그들은 소설 속의 주인공들처럼 그 고뇌가 왜 시작되었고, 어떻게 해결할 것인지 답을 찾지 못했다. 염상섭의 『표본실의 청개구리』는 이광수의 『무정』과 비슷한 시기에 나온 소설인데, 분위기는 매우 다르다. 염상섭은 이광수의 계몽주의와 과학주의가 식민지의 현실을 해결할 수 없음을 뼈저리게 느끼고 있었다. 서양 문명의 압도적 물량공세 속에서 이미 식민지인의 몸은 근대적 규율에 길들여졌고 의식은 마비되었다. 일제가 기획한 근대사회는 식민지적 근대화였다. 우리가 근대성의 가치를 체화하면 동시에 식민지 체제에 포섭되는 모순적인 상황이었다. 때문에 내장까지 빼앗기고 버르적거리는 '표본실의 청개구리'처럼 살아갈 수밖에 없었다.

중학교 박물학 시간에 염상섭은 청개구리를 해부하며 무엇을 배운 것일까? 이 시대에 생물학 공부는 가능한 것이었을까? 『무정』에서 생물학을 연구하여 새 문명을 건설하겠다는 이형식의 부르짖음은 실현될 수 있었을까? 만약 다윈의 진화론을 알았다면 사회진화론을 극복할 수 있었을까? 우리는 이 같은 질문에 긍정적인 답을 쉽게 내놓을 수 없다. 식민지인에게 주어진 과학은 사회를 변화시키는 가치가 아니라 단지 식민 지배를 위한 도구였기 때문이다. '표본실의 청개구리'처럼 근대 기획과 계몽의 대상이 되어버린 식민지인은 나아가야 할 출구를 찾지 못했다.

　　서양 제국주의 체제에 포섭된다는 것이 어떤 상황인지 진화론을 중심으로 살펴보자. 당시 진화론은 사회진화론과 구별하기 어려울 정도로 통속화되어 있었다. 다윈은 진화가 곧 진보는 아니라고 했지만, 서양인들 대부분은 진화를 진보의 동의어로 생각하고 있었다. 서양인들은 계몽주의의 진보와 진화론을 연결시켜 이해했다. 다윈의 진화론과 스펜서의 사상이 결합한 것은 시대적 열망이었다.

번역, 의도적인 오역

　　허버트 스펜서와 나눈 대화는 흥미로웠으나 내가 그를 특별히 좋아했던 것은 아니며, 그와 쉽게 친해질 수 있으리라는 생각도 들지 않는다. 나는 그가 자기중심적인 사람이라고 생각한다.…스펜서의 글이 내 작업에 도움이 되었다고는 생각지 않는다. 그가 모든 분야를 다루는 연역적인 방식은 내 사고틀과는 완전히 반대되는 것이다. 그의 결론은 결코 내게 확신을 주지 못했다.[15]

다윈은 자서전에서 스펜서에 대해 이렇게 말하였다. "그가 모든 분야를 다루는 연역적인 방식은 내 사고틀과는 완전히 반대되는 것이다." 그런데 우리는 다윈과 스펜서의 차이를 구별할 수 없는 현실에 직면해 있었다. 1859년 『종의 기원』이 출간되면서 다윈의 진화론은 세계적으로 큰 반향을 불러일으켰다. 세계 각국에서 번역이 진행되었지만 우리는 진화론과 관련된 책을 직접 번역하지 못했다. 중국이나 일본에서 번역한 책들을 수입해 다시 번역한 이중 번역본으로 진화론을 만날 수밖에 없었다.

번역은 자국의 문화적 토양을 바탕으로 다른 문화를 해석하는 일이다. 전혀 알지 못했던 새로운 개념을 이해하고 소화하는 중요한 작업이기도 하다. 그런데 우리는 서양의 근대과학을 직접 해석하지 못하고 중국과 일본의 번역본으로 학습했다. 조선의 지식인들이 진화론을 접한 것은 앞서 소개한 량치차오의 『음빙실문집』에서였다. 그렇다고 량치차오가 직접 다윈의 진화론을 읽고 쓴 것은 아니었다. 그는 옌푸嚴復, 1865~1898의 『천연론天演論』을 통해 진화론을 배웠다. 옌푸가 'evolution'을 중국어로 '천연天演'이라고 번역한 초고본이 있다는 소식을 듣고, 이를 입수해 손으로 필사하면서 읽었다고 한다.

중국의 지식인들은 매우 절박한 심정에서 진화론을 번역하고 읽었다. 이때가 1896년 청일전쟁 직후였다. 청일전쟁의 패배는 중국의 지식인들에게 참혹한 절망감을 안겨 주었다.

중국은 아편전쟁의 충격이 가시기도 전에, 섬나라 일본에 또다시 패했다. 청일전쟁의 패배는 그동안 서양 배우기에 힘썼던 양무운동洋務運動을 무위로 돌렸다. 또한 양무운동을 이론적으로 뒷받침했던 중체서용中體西用이라는 슬로건도 파산시켰다. 중체서용은 중국의 가르침을 본질로 삼고 서양의 학문을 실용적으로 이용한다는, 조선의 동도서기東道西器와 비슷한 사상이었다. 중국의 학문과 문화를 보전하면서 서양의 군사기술을 부분적으로 수용한다는 입장이다. 서양 제국주의에 군사적으로 밀렸다고 하루아침에 유교 문명의 자존심까지 버릴 수는 없었던 것이다. 그런데 중국은 수차례 전쟁에 패하면서 두 전략을 폐기해야 할 상황에 몰리고 말았다. 서양 문명은 중국이 생각했던 것보다 훨씬 강했다.

옌푸는 1877년 중국인으로는 최초로 영국 왕립해군학교에서 수학한 유학파였다. 2년 남짓 한 유학생활을 마치고 중국으로 돌아와 해군학교에서 인재를 양성했다. 그러던 그에게 청일전쟁의 패배는 인생의 행로를 바꾸도록 만들었다. 젊은 시절에 영국 유학과 해군학교에서 열정을 바쳤던 양무운동이 실패로 돌아가자 큰 충격을 받았다. 서양이 부강한 것은 단순히 군사력에서 나온 것이 아니었다. 옌푸는 서양 문명의 핵심을 연구해 서양이 왜 강한지를 배우는 일이 시급하다고 판단했다. 그래서 서양의 학문과 사상을 번역하는 일에 뛰어들었다. 중국인에게 가장 필요한 서양 문명에 관한 지식이 무엇일까, 고심을 거듭한 끝에 옌푸는 진화론을 택했다.

그런데 옌푸의 머리에 떠오른 사람은 다윈이 아니라 스펜서였다! 놀랍게도 옌푸는 서양 학자들 중에 스펜서를 가장 흠모하고 있었다. 스펜서는 사회진화론의 창시자로 널리 알려진 영국의 사회학자이며 철학자였다. 다윈과 동시대에 살았던 그는 다윈의 진화론이 나오기 전부터 진보라는 개념에 심취해 있었다. 스펜서에 푹 빠진 옌푸는 그의 방대한 저작을 섭렵하며 서양 학문에 눈을 떴다. 10권으로 구성된 스펜서의 『종합철학체계』는 진화론·생물학·심리학·윤리학·사회학·철학을 아우르는 대작이었다. 옌푸는 스펜서의 책들 중에서 한 권을 골라 번역하고 싶었으나 번역 초보자가 도전하기에는 심오하고 난해했다. 그래서 분량이 적고 이해하기 쉬운 토마스 헉슬리Thomas H. Huxley, 1825~1895의 『진화와 윤리』(1894)를 택했다. 이 책은 다윈의 열렬한 지지자였던 헉슬리가 말년에 대중을 상대로 한 강연의 원고를 출판한 것이다.[16]

다윈의 진화론을 모르는 옌푸는 헉슬리의 책을 중국의 철학적 언어로 풀어썼다. 중국의 고전문헌처럼 각 편을 나누고, 각 편마다 자신의 해설을 덧달았다. 그는 헉슬리가 인간의 의지를 강조한 부분에 방점을 찍었다. 자연의 잔혹한 지배법칙을 인간의 고귀한 윤리의식으로 벗어날 수 있다고 말한 부분이었다. 중국이 처한 현실을 인간적 노력으로 해결할 수 있다는 희망을 가지고 싶었기에 '인위도태人爲淘汰'라는 말에 주목했다. 다윈의 진화론에서 자연 선택을 설명하기 위해 가축 사육사의 인위적 선택을 예시로 든 것인데, 오히려 인위적 선택을 부각시키고 말았다. 옌푸는 이렇게 편집과 해설을 덧붙이며 직역보다는 의역을 하였다. 어떤 부분에서는 헉슬리의 문장을 과감하게 삭제하고 의도적으로 오역을 하기도 했다. 오늘날의 관점에서는 번역자가 해서는 안 될 일이지만 옌푸의 마음은 이미 스펜서가 차지하고 있었다.

결국 『진화와 윤리』, 곧 『천연론』은 스펜서의 사회진화론에 의지해 진화론을 설명하는 책이 되었다. 옌푸는 헉슬리가 말한 진화의 개념에서 가장 중요한 부분을 놓치고 말았다. 진화에는 방향이 없고 목적도 없다는 사실! 헉슬리는 진화란 진보적인 발전뿐만 아니라 퇴보적인 변형까지 포함한다고 지적했다. 또한 '최적의 생존자'라는 말에 '제일 좋은'이라는 도덕적 의미가 함축되는데, 자연 세계에 이러한 목적은 없다고 강조했다. 그런데 옌푸는 이 부분을 번역하지 않고 스펜서에 관한 해설로 채워 넣었다. 옌푸는 스펜서가 주장한 대로 진화를 점진적 발전이나 고도의 형태로 나아가는 변화라고 언급했다. 저급 단계에서 고급 단계로, 열등한 상태에서 우등한 상태로 변화하는 직선적 진보의 개념을 진화로 받아들였던 것이다.[17]

왜 옌푸는 헉슬리의 『진화와 윤리』를 의도적으로 오역했을까? 19세기 중국은 수천 년 이상 독보적인 문화의 주인이었던 지난 역사와 전통을 송두리째 부정해야 할 처지에 놓였다. 수많은 청나라 선비가 유교적 도덕주의의 명분과 자부심을 잃고 비탄과 울분에 빠져 자결하는 상황이었다. 절체절명의 위기에 옌푸는 중국이 부강해질 수 있는 해법을 찾기 위해 진화론을 읽었다. 똑같은 텍스트라도 누가 언제 읽느냐에 따라 다르게 읽힐 수 있다. 책 읽는 사람의 사회적 조건과 역사적 배경이 번역 과정에 투영되는 것은 당연한 일이다. 옌푸의 눈에 들어온 구절은 과학과 진보라는 강자의 이데올로기였다. 처음부터 옌푸가 번역하길 원했던 것은 과학과 진보라는 개념이 둘 다 들어 있는 스펜서의 사회진화론이었다. 옌푸는 스펜서가 말한 대로 사회진화론이 다윈 진화론의 과학적 토대 위에 있다고 믿었다.

옌푸의 『천연론』은 대중적 성공을 거두었다. 1898년 초판 발행 후 1905년에 근대적 방식으로 재출간되었으며 1927년까지 24판을 찍었다. 청일전쟁 패배 이후 중국의 정치적 혼란은 사회진화론의 공감대를 확산시켰다. 량치차오 같은 지식인들은 생존경쟁과 적자생존의 용어에서 옌푸의 고뇌를 읽었다. 제국주의의 국제질서는 살벌한 생존경쟁의 장이었다. 최적자만 살아남는다는 경고가 중국인의 뇌리에 깊숙이 박혔다. 중국의 지식인들은 너도나도 『천연론』을 읽었고, 신식학당과 근대식 학교에서는 교재로 활용했다. 『천연론』은 중국 사회에 엄청난 충격을 주었다. 세계를 바라보는 중국인의 시각을 근본적으로 바꾸었다고 해도 과언이 아니다. 중국의 학술계는 다윈을 주목하기 시작했고, 1902년『종의 기원』3장 「생존경쟁」이 번역되었다. 1920년에는『종의 기원』이 완역되었으나, 중국인들은 다윈의 진화론을 사회진화론의 관점으로 읽었다. 사회진화론의 영향이 너무 큰 나머지 생물학적 진화론이 묻히는 진기한 현상이 벌어졌다. 다윈은 과학자가 아니라 스펜서와 같은 사상가로 알려졌다.[18]

2. 잃어버린 고리를 찾아서

일반적으로 우리는 우리 자신을 인종race으로 구분한다. 분류학의 규칙에 따라 종을 정식으로 다시 구분하면 이것은 예외 없이 아종亞種, subspecies으로 불러야 한다. 즉 인종은 호모 사피엔스의 아종들이다. 과거 10년 동안에 정량적 기법이 도입되면서 종 내부에서의 지리적 변이를 연구할 때 여러 다른 방법들을 사용하게 되었다. 그 결과 종을 아종으로 분할하는 관행은 여러 분야에서 점차 사라져 갔다.…이제 나는 호모 사피엔스를 세분하여 인종으로 분류하는 것은 종 내부의 분화라는 일반적인 문제에 대해 낡은 접근법의 대표적인 사례라고 강조하고자 한다. 다시 말해서 나 자신의 연구 대상이기도 하며 놀랍도록 변이가 많은 서인도 제도의 육지달팽이land snail를 아종으로 구분하지 않은 것과 똑같은 이유로, 나는 인류를 인종으로 분류하는 것을 거부한다.[19]

역사학자 에릭 홉스봄Eric Hobsbawm, 1917~2012은 1871년에서 1914년까지를 '제국의 시대'라고 했다. 19세기 말부터 제1차 세계대전이 일어난 전까지 유럽인들은 이 시기를 '벨 에포크la belle époque', 프랑스어로 '아름다운 시절'이라는 말로 불렀다. 이 때 유럽은 밖으로 제국주의의 팽창과 식민지 쟁탈전으로 분주하고 다망했지만, 정작 유럽 사회는 풍요롭고 평화롭기 그지없었다. 오죽하면 유럽인들이 '벨 에포크'를 부르며 향수에 젖어들까. 하지만 이 시절은 서양 문명의 폭력성이 드러나기 전, 신기루처럼 찾아온 위태로운 평화기였다. 서양 제국주의 국가들은 식민지 인종과 민족차별, 그리고 계급문제를 은폐하기 위해 세계박람회 같은 '꿈의 유토피아'를 열었다. 수많은 문제에도 불구하고 역사는 진보하며, 서양의 부와 제국은 영원할 것이다! 제국주의는 계속 전진할 것이다!

　　서양 문명에 빛을 비춘 것은 세계박람회의 전기였다. 과학기술이 창조한 빛은 1889년 파리 만국박람회를 환상적으로 수놓았다. 만국박람회장을 방문한 관람객들은 높이 300미터짜리 철탑인 에펠탑을 보고 놀랐다. 그리고 에펠탑을 가득 장식한 수천 개의 전기등과 스포트라이트를 보고 더 감탄했다. 아직 파리 거리는 가스등과 아크등arch lamp이 불을 밝혔지만, 만국박람회에 보급된 전기는 황홀한 야경을 선보였다. 또 하나, 파리 만국박람회에 처음 등장한 볼거리가 있었다. 인간 동물원이라고 불렸던 식민지 원주민의 전시였다. 세네갈, 뉴칼

레도니아, 프랑스령 서인도제도, 자바 섬 등지에서 400여 명이나 되는 원주민을 데려다 백인 관람객 앞에 전시했다. 유색인들을 종족별로 나누고 원주민 부락을 설치해 박람회 기간에 그 안에서 살도록 꾸며 놓았다. 인간 쇼를 방불케 하는 불편한 전시였지만 비인간적이라고 비판하는 관람객은 거의 없었다. 오히려 인간의 진화 과정에서 맨 꼭대기를 차지한 백인종의 승리에 감격할 뿐이었다.

스펜서의 사회진화론은 이미 유럽 대륙과 미국을 휩쓴 상태였다. 일반 대중은 사회적 진보와 생물학적 진화를 하나의 사실로 인식했다. 생존경쟁과 적자생존은 일상적이고 상식적인 개념이 되었던 것이다. 1883년에 프랜시스 골턴Francis Galton, 1822~1911은 우생학을 창안했고, 과학적 인종주의가 학문적 권위를 얻기 시작했다. 파리 만국박람회의 대담한 인간 전시는 이러한 분위기에 편승한 것이다. 인종학·인류학·민속학·언어학·해부학 등은 과학의 이름으로 식민지인을 실험하고 관찰했다. 인체측정학과 두개골학은 신체 각 부분의 길이, 두개골의 크기, 뇌의 질량, 안면각도, 골격과 척추 사이의 각도, 골격의 모양을 측정하고 수량화했다. 서양인보다 체구가 작은 유색인종을 측정하다 보니, 무조건 크고 무거운 것이 우월하다는 근거 없는 기준이 이때 생겨났다.

서양인들에게 식민지의 유색인종은 인간이 아니었다. 그들은 유색인종을 아무 거리낌 없이 미개인·야만인이라 부르고 인간과 동물의 중간 형태로 여겼다. 다윈의 진화론에는 '잃어버린 고리missing link'라는 용어가 나온다. 이 용어는 인간과 다른 영장류를 이어 주는 고리가 빠졌다는 뜻으로 쓰이는데, 서양인들은 유색인종을 영장류에서 인간으로 진화하는 과정에서 '잃어버린 고리'쯤으로 취급했다. 인간을 인종으로 분류하고 또한 서열화했다. 살아 있는 인간의 진화 과정을 눈으로 직접 볼 수 있다고 생각했으며, 인간은 점점 피부색이 밝아지는 형태로 진화했다고 확신했다. 미국에서 존경받던 생물학자인 하버드 대학의 루이 아가시Louis Agassiz, 1807~1873는 하느님이 백인과 흑인을 따로 창조했다고 주장했다. 백인과 흑인은 하나의 인간 종이 될 수도 없었던 것이다. 당시 인종주의는 식민주의나 제국주의와 더불어 서양인들의 보편적 정서였다. 파리 만국박람회의 인간 전시는 서양인들의 우월감을 고취시키고 호기심을 자극하는, 성공적이고 창의적인 전시였다. 세계박람회의 역사에서 한 획을 그었으며 이후 다른 박람회에도 좋은 모델이 되었다.

미국은 이러한 파리 만국박람회에서 깊은 영감을 얻었다. 1893년 콜럼버스의 아메리카 발견 400주년을 기념해 시카고 세계박람회가 열렸다. 미국인들은 파리 만국박람회를 뛰어넘는 세계적인 박람회를 개최하는 데 자존심을 걸었다. 시카고 세계박람회의 전체 주제는 '프론티어 정신'이었다. 인디언(아메리카 원주민)을 대량 학살하고 서부 지역을 개척했던 정복자 정신은 미국인들이 가장 자랑스러워하는 미국의 정체성이었다. 콜럼버스는 사실 미국 땅을 밟은 적이 없지만, 미국인들은 시카고 세계박람회를 계기로 '콜럼버스의 날'을 정하고 유럽의 아메리카 정복을 기념했다.[20] 그리고 이러한 정복자 정신이 제국주의의 팽창으로 나아갈 것을 천명했다. 시카고 세계박람회는 제국으로서의 미국의 탄생을 보여 주기 위한 국가적 이벤트였다.

시카고 세계박람회장은 하나의 축소판 도시였다. 면적이 2.59제곱킬로미터가 넘는 박람회장은 200여 채가 넘는 건물이 세워졌고 처음 보는 새로운 기계장치들로 가득했다. 모든 전시물을 보는 데 3주가 걸린다고 할 만큼 엄청난 규모였다. '화이트 시티'라고 불린 박람회장 중심에는 고대 로마의 신전을 재현한 듯한 흰색 대리석 건축물들이 줄지어 있었다. 박람회장을 찾은 관람객들은 신고전주의 양식이 지닌 웅장함에 넋을 잃었다. 거대한 원주 기둥과 로마 시대의 조각상들 사이를 걷노라면, 우아하고 아름다운 정경에 눈물이 날 지경이었다. 로마 제국이 부활한 듯한 환영에 사로잡혔는데, 이 모든 것은 박람회 주최 측이 기획했던 용의주도한 연출이었다. 영광스러운 고대 로마의 제국을 다시 세계에 건설하고 싶은 미국 제국주의의 욕망을 이렇게 표현한 것이다.

파리 만국박람회에 에펠탑이 있었다면, 시카고 세계박람회에는 시카고 휠이라고도 불리는 최초의 대관람차, 페리스

휠Ferris Wheel이 있었다. 칸마다 60명, 동시에 2,000여 명의 승객을 태울 수 있는 36개의 차 칸이 거대한 바퀴에 매달려 있었다! 높이 80미터의 거대한 기계바퀴가 공중에서 회전하는 모습은 장관 그 자체였다. 시카고 세계박람회는 당대의 상상력을 뛰어넘는 건축물과 기계로 넘쳐났는데, 이것들은 전기의 힘으로 더욱 빛났다. 밤을 대낮처럼 밝힌 박람회장은 시카고 전체가 사용하는 전기량의 세 배나 많은 전기를 소모했다. 페리스 휠을 비롯해 1만 8,000여 개의 전구가 빛나는 탑, 1.5미터의 고주파 코일, 에디슨의 활동사진 영사기, 인공번개와 전기 보트 등은 파리 만국박람회를 훨씬 압도했다. 가로수 길과

분수대, 그리고 수많은 건축물을 한꺼번에 밝힌 백열등은 파리 만국박람회에서는 볼 수 없었던 광경이었다. 관람객 중에는 태어나서 처음 전기를 보는 사람이 많았는데, 그들은 밤의 화이트 시티에서 마법의 세계를 경험했다.

화이트 시티에서 발길을 돌린 관람객들은 1.6킬로미터 떨어진 '미드웨이 플라상Midway Plaisance'에서 또 다른 놀라운 세계를 발견했다. 시카고 세계박람회에서 처음 시도된 미드웨이는 대중적으로 선풍적 인기를 끌었다. 이곳에는 오락 시설과 놀이기구, 먹을거리 장터와 싸구려 술집이 있었고, 기형적인 인간과 동물 서커스로 떠들썩했다. 이집트 댄서의 배꼽춤과 나체의 사모아 여인이 나오는 각종 쇼 프로그램은 관람객의 시선을 모으기 충분했다. 특히 이국적 정서를 자극하는 민속촌에는 세계 각국 사람들과 그들의 생활 모습이 그대로 전시되었다. 전통적인 독일 마을, 헝가리식 카페, 터키의 바자(시장)에서 페르시아와 인도의 궁전, 동남아시아의 불교사원, 남태평양 섬들의 촌락, 아프리카의 원시 부족까지 다양한 구경거리가 있었다.

그런데 이것들의 공간배치가 매우 교묘했다. 미드웨이의 중심에 페리스 휠이 있고, 중심에서 벗어날수록 야만적인 원시부족들이 나타났다. 예컨대 중심에 있는 페리스 휠의 바로 주변에는 독일 마을이나 터키 바자가 있었고, 점점 멀어질수록 아프리카 다호메이Dahomey, 현 베닌 공화국 부족 100여 명이 벌거벗고 생활하는 모습을 만날 수 있었다. 그리고 그 끝에는 동물원이 자리잡고 있었다.

시카고 세계박람회는 전체적으로 공간 배치가 탁월했다. 먼저 화이트 시티와 미드웨이를 다른 공간으로 구분해 대비시킨 점이 그랬다. 화이트 시티가 문명의 세계라면, 미드웨이는 야만의 세계였다. 빛은 어둠이 있어서 더 밝게 빛나고, 깨끗함은 더러움이 있어서 더욱 돋보이는 법! 화이트 시티의 서양 문명은 미드웨이가 있어서 더욱 위대하게 보였다. 미드웨이에서 인종학적 전시를 미국의 대중문화 속에 녹여낸 점도 대단했다. 각종 오락시설과 식민지 마을을 솜씨 좋게 버무려 놓은 새로운 전시 형태였다. 미드웨이 플레이상스 전시관은 시카고 세계박람회 이후에 '미드웨이'라는 이름의 보통명사가 되었고, 박람회에서 없어서는 안 될 흥행 코너로 자리잡았다. 이렇게 문명과 야만을 나누고, 인종을 서열화하는 공간 배치는 1846년 설립된 스미스소니언Smithsonian Institution에서 수년간 야심차게 준비한 성과였다.

스미스소니언의 과학자들은 시카고 세계박람회 같은 국가적 프로젝트에 지식과 열정을 바쳤다. 시카고 세계박람회의 전체적 구성을 기획하고 지휘한 브라운 구드G. Brown Goode, 1851~1896와 미드웨이의 총책임자 프레더릭 퍼트넘Frederic W. Putnam, 1839~1915은 하버드 대학 출신이며, 루이 아가시의 제자들이었다. 이들은 유럽의 세계박람회에 미국 대표로 참가하고, 미국에 세워진 수많은 박물관과 박람회에서 경험을 쌓았다. 인류학·인종학·민속학·역사학·계통학·고고학 등의 지식을 바탕으로 대규모 인종학적 전시를 진두지휘했다. 스미스소니언의 과학자들은 시카고 세계박람회를 통해 세계의 인종·국가·문화·기술을 총체적으로 나열하고, 이 중에서 미국의 앵글로색슨족이 가장 우월하고 미국 문화가 유럽을 앞지르고 있으며, 미국은 강하고 모던하고 진취적이라는 이미지를 각인시켰다.[21]

　　미드웨이의 인종학적 전시는 과학자들의 이같은 노력으로 대중문화 속에 정착되었다. 1898년 스페인과의 전쟁에서 승리한 미국은 필리핀과 쿠바, 하와이, 알라스카, 푸에르토리코를 식민지로 획득하고, 박람회에 식민지 마을을 등장시켰다. 그리고 공공연하게 '인간의 진화Evolution of Man', '잃어버린 고리', '연결 고리Connecting Link'라는 이름을 붙였다. 과학자들은 이러한 전시가 영장류에서 인간으로 진화하는 과정을 보여 주는 교육적인 장소가 될 것이라고 말했다. 1901년 버펄로 세계박람회에서는 인간의 진화를 상징하는 전광판까지 등장했다. 무지개빛의 컬러 램프와 서치라이트로 장식한 112미터 높이의 전광판은 야만적 인종에서 문명적 인종으로 진화하는 단계를 시각적으로 형상화했다. 또한 1904년 세인트루이스 세계박람회에서는 사상 최대 규모의 인종학적 전시가 열렸다. 북극 지방의 이누이트족, 남극 근처의 파타고니아족, 남아

프리카의 줄루족 등 세계 곳곳의 원주민들을 모아놓았고, 아메리카 원주민을 51개 부족이나 출현시켰다. 그리고 필리핀전쟁1898~1902에서 승리한 것을 기념하며 필리핀 보호 거주지에 1,200여 명의 필리핀인을 전시했다. 이들이 이렇게 전시되기까지 미국인에 의해 학살된 원주민은 짐작할 수 없을 정도로 많았다.

인간이 되기를 성공적으로 이룬 원숭이

동물원 아니면 무대였죠. 저는 망설이지 않았습니다. 스스로에게 말했어요. 쇼 무대로 가기 위해 힘을 다하자, 그것이 출구다, 동물원은 새로운 우리일 뿐 그 안에 들어가면 너는 없어지고 마는 거다라고요. 그리하여 저는 배웠습니다, 여러분, 아, 배워야 한다면 배우는 법, 출구를 원한다면 배웁니다, 앞뒤 가리지 않고 배우는 법입니다. 회초리로 스스로를 감독하고, 지극히 조그만 저항만 있어도 제 살을 짓찧었습니다. 원숭이 본성은 둘둘 뭉쳐서 데굴데굴 쏜살같이 제게서 빠져나가 버렸습니다.…이 진보! 앎의 빛이 온 사방으로부터 깨이는 두뇌 속으로 뚫고 들어옴! 부인하지 않겠습니다. 그것이 저를 행복하게 했습니다. 그러나 또한 고백하자면, 저는 그것을 과대평가하지는 않았습니다. 그 당시에도 이미 그랬고, 오늘날은 훨씬 더 그렇습니다. 지금껏 지상에서 되풀이된 바 없는 긴장된 노력을 통하여 저는 유럽인의 평균치 교양에 도달했습니다.[22]

"학술원의 고매하신 신사 여러분!" 프란츠 카프카Franz Kafka, 1883~1924는 『학술원에의 보고』에 이렇게 말하는 원숭이를 등장시켰다. 카프카가 이 단편소설을 쓴 1917년은 서양인들이 원시림에서 인간과 동물을 닥치는 대로 포획하던 시기였다. 주인공 빨간 페터는 아프리카에서 사냥꾼에 잡혀 유럽으로 보내졌다. 우리에 갇힌 페터는 도망치는 것이 불가능하다는 것을 깨닫는다. 선택할 수 있는 길은 딱 두 가지, 동물원과 쇼 무대뿐이었다. 동물원에 갇혀 있는 것을 견딜 수 없었던 페터는 순응하기로 결심했다. 출구는 쇼 무대에 서는 것뿐이라고 자신을 혹독하게 채찍질하며, 드디어 원숭이의 본성을 버리는 데 성공했다. 배우고, 또 배우고 원숭이 페터는 앎의 빛으로 깨어나 인간이 되었다. "이 진보!" 카프카는 이 책에서 원숭이가 유럽인의 평균치 교양에 도달하는 진보를 이루었다고 말하고 있었다.

앞서 본 세계박람회의 인간 동물원이 떠오르는 글이다. 박람회에 전시되었던 식민지의 원주민들이 이러한 심정이었을까? 죽을 것인가, 아니면 쇼 무대에 설 것인가? 아마 카프카도 유럽에서 흥행하던 인간 동물원을 보면서 이 글의 영감을 얻었을 것이다. 세계의 문제를 똑바로 보아라! 불합리를 날카롭게 통찰했던 카프카는 강한 풍자를 통해 이런 메시지를 우리에게 던졌다. 인간을 가두어 놓고 쇼 무대에 세우는 세계, 다른 지역의 사람들에게 유럽인이 되라고 강요하는 세계, 자신의 본성과 정체성을 버리는 것을 진보라고 말하는 세계, 출구는 순응뿐이라고 가르치는 세계. 인간으로 사는 것이 고통스러울 수밖에 없는 현실을 통렬히 꼬집고 있었다.

인간되기가 유럽인의 교양을 습득하는 것이라면, 세계의 유색인종 중에서 가장 먼저 인간이 된 종족이 있었다. 일본인은 아시아의 대영제국the Great Britain of Asia이 되길 염원하며, 서양의 시선에 각별히 신경을 썼다. 시카고 세계박람회를 비롯해 서양 제국들의 박람회에 참가하며 그들을 바쁘게 모방하였다. 1902년 영국과 동맹을 맺고 러일전쟁에서 승리를 거두자 일본은 '예외적 비非백인종', '서양적 의미에서 문명국', '문명의 떠오르는 별'이라는 찬사를 들었다. 이 과정에서 일본인은 서양이 자신을 봤던 제국주의의 시선으로, 아시아의 다른 나라들을 바라보기 시작했다. 1903년 오사카에서 열렸던 내국권업박람회에서 일본인은 서양 박람회의 대중오락시설과 인종학적 전시를 그대로 따라 했다. 일본에서 처음으로 회전목마와 워터슈트water chute, 지상 54미터 높이의 전망대, 세계일주관, 일루미네이션(전기불빛)이 등장했고, 식민지인을 전시하는 학술인류관까지 설치했다.

그런데 학술인류관에는 홋카이도의 아이누족, 타이완의 생번인生蕃人, 숙번인熟蕃人, 류구인 등 전시된 열네 명 가운데 조선인 여자 두 명이 포함되어 있었다. 이 충격적인 사실에 조희연을 비롯한 대한제국 관료 세 명은 오사카 경무국에 항의서한을 보냈다. "동양 3국은 같은 인종과 같은 문화의 의리가 있다고 말합니다. 그러나 조선 여자만을 이곳에 참여시킨 것으로 인해 심히 나쁜 감정이 서로 충돌하지 않겠습니까?" 이 같은 항의를 받고 조선인 전시는 철회되었으나 말레이인, 자바인, 인도인, 터키인 등이 추가되어 전체 숫자는 오히려 26명으로 늘었다. 어찌 같은 황인종으로 이럴 수가 있느냐는 항의는 아랑곳하지 않고, 일본인은 서양 제국을 흉내내기에만 열을 올렸다.[23]

1907년 도쿄권업박람회는 조선인 남녀 두 명을 전시하고 입장료를 받는 파렴치한 만행을 저질렀다. 이에 격분한 조선인은 인간 전시의 부당함을 강력히 성토했다. 『대한매일신보』 6월 6일자에는 "대저 우리나라 사람이 일본인에게 무슨 빚이 있어 같은 황인종으로 금전을 받아 함부로 관람케 하니, 이는 비록 야만시대라 해도 결코 해서는 안 될 일인데 소위 문명자를 자처하면서 이와 같이 행동한단 말인가? 목이 메여 말이 막히고 두 눈에 눈물이 흐른다"라며 통탄했고, 6월 21일자에는 "우리 이천만 동포여 금번 일본박람회 중에 아프리카 토

인종도 출품물이 되어 진열함이 없었거늘 무슨 이유로 일본인이 우리나라 동포를 출품하고 동서양 각국인에게 관람표를 취하느뇨” 하며 울분을 토했다. 이 사건은 민원식閔元植이 전시된 조선인을 찾아가 여비를 주고 귀국시킨 것으로 일단락되었다.24

“삼척동자라도 알 만큼 이 사건이 우리 조선에 중대한 모욕됨은 명명백백하다!” 『태극학보』 6월 24일자의 말이다. 인간을 가두고 전시한다는 것에 조선인들은 경악하고 분노했다. 일제는 동서양의 수많은 사람이 관람하는 박람회에 식민지관을 설치하고 조선인을 전시하며 노골적인 멸시를 드러냈다. 조선 민족은 불결하고 미개하며 고루하고 열등한 종족이다! 5,000년 역사에서 문화적으로 결코 일본에 뒤지지 않는다고 자부했던 조선인은 이러한 전시 앞에서 참담해질 수밖에 없었다. 그런데 일제에 의해 ‘전시된 조선’은 있는 그대로의 조선이 아니었다. 일제가 조작하고 만들어낸 허구였다. 서양과 일본의 제국주의자들은 야만적이고 비열한 수법으로 문명과 야만의 이미지를 창조했다.

식민지에서 열린 박람회는 더 악랄했다. 일제는 1915년, 조선을 지배한 지 5년째 되는 해에 조선 땅에서 대규모 박람회를 열었다. 식민 지배 5년을 기념해 ‘시정오년기념조선물산공진회始政五年記念朝鮮物産共進會, 이하 물산공진회’라는 거창한 이름을 내걸었다. 이렇게 식민지에서 박람회를 개최한 것은 서양과 일본 제국주의 본토에서 박람회를 연 것과 또 다른 의미를 가진다. 서양인들은 박람회에서 식민지인을 전시하며 우월감을 느꼈는데, 이러한 박람회의 연출기법이 식민지 조선에서 그대로 재현된다는 것은 조선인 입장에서 너무나 잔인한 일이었다. 박람회장에서 조선인들은 문명과 근대에 한참 뒤떨어진 형편없는 존재로 표현된 자신을 대면하고 인정해야 했다. 박람회에서 근대를 체험하는 것은 서양의 문명과 일본의 압제에 굴복한 식민지 조선을 확인하는 일이었다.

일제는 서양의 방식대로 조선의 유구한 전통과 역사를 짓밟고 박람회를 열었다. 정치적인 의도에서 공진회장을 경복궁으로 선택했다. 조선왕조의 상징인 경복궁이 일제에 의해 훼손되는 것만으로도 조선인에게는 큰 아픔이었다. 경복궁은 전체 부지 7만 2,000여 평의 공진회장을 마련하고 6,000여 평 이상의 새로운 건축물이 세워지느라 완전히 너덜너덜해졌다. 일제는 공진회장 정면에 1,500여 평 규모의 대형건물 제1호관을 세웠다. 그 오른쪽에 첨탑 모양의 3층 건물인 철도국 특설관과 그 뒤편에 40미터 높이의 광고탑을 설치했는데, 철도국 특설관과 광고탑, 그리고 제1호관은 당시 조선에서 제일 높은 건물로서 경복궁의 근정전과 전각들을 하나도 볼 수 없게 가로막았다.

또한 일제는 공진회장을 동쪽 구역과 서쪽 구역으로 분리해 대비시켰다. 동쪽 구역에는 르네상스 양식의 근대식 건축물을 짓고 주요 전시관을 모아놓았다. 반면 서쪽 구역에는 조선 전통 양식의 건물들을 부대시설과 오락시설로 바꾸었다. 근정전 행각에 농기구와 어구漁具, 원예품 등을 진열했다. 왕의 집무공간이었던 사정전思政殿을 적십자 애국부인회의 박애관으로, 사정전 부속 만춘전萬春殿을 경비실로, 경회루를 총독부 관리들의 연회장으로 사용했다. 근정전 서쪽에 우편국출장소, 각 도 휴게소와 매점, 유료변소 등의 부대시설을 두었고, 경회루 북쪽 공터에는 조선 연예장이라는 오락시설을 설치했다. 회전그네, 미로관, 곡마서커스, 활동사진관, 동물관, 군함 모형관 등이 들어서 있었다. 일제는 경복궁 안에 동물원과 가축사육장까지 설치하며 조선의 궁궐을 유원지로 변모시켰다.

서양 박람회의 연출기법들은 일제의 손을 거쳐 다시 조선의 물산공진회에 나타났다. 조선인들에게 가장 인기 있는 오락시설은 철도국 특설관의 케이블 기차였다. 조선 팔도를 유람하듯이 기차를 타고 나면 연예장에서 기생과 곡마단 쇼가 기다렸고, 밤이 되면 광화문 거리는 마법의 세계로 변했다. 광화문 성벽과 광고탑, 근정전, 경회루 등에 환한 전등 불빛이 일제히 켜졌다. 영어에서 일본어로 정착한 일루미네이션은 조선의 물산공진회에서도 등장했다. 서양의 물질문명과 과학기술은 스펙터클한 공간을 연출하고 조선인의 의식을 마비시켰다. 물산공진회에서 보여 주는 모든 것은 '문명'과 '진보' 그 자체였다. 결국 우리는 서양의 문명과 진보 앞에 열등한 조선인이 되고 말았다. 이렇게 제국주의 시대에는 국가와 민족, 인종을 열등과 우등으로 나누고, 열등에서 우등으로 진보한다는 사회진화론을 철석같이 믿게 만들었다.

3. 악마의 사도, 찰스 다윈

나는 젊은 시절에 다윈을 읽지 않았다. 『인구론』을 읽지 않고도 인구법칙을 안다고 믿었던 것과 마찬가지로, 나는 『종의 기원』을 읽지 않았지만 진화론을 안다고 생각했다. 게다가 다윈은 토머스 맬서스나 허버트 스펜서처럼 '불쾌한 이름'들과 함께 등장하곤 했기 때문에 읽고 싶은 마음이 들지도 않았다. 나는 빈곤을 정당화하고 빈민구제를 비난하는 맬서스를 미워했고, 적자생존이라는 개념으로 사회적 강자를 편든 스펜서를 싫어했다. 그들이 펼친 '사회진화론' 또는 '사회다윈주의'가 부자와 강자를 예찬하고 불평등을 합리화하는 천박한 이데올로기라고 생각했다. 그래서 진화론이 올바른 생물학 이론이기는 하지만 사회적으로는 나쁜 영향을 미쳤다고 생각했다. 한마디로 말해서, 나는 다윈에 대해서 별로 아는 게 없었던 것이다.[25]

다윈의 『종의 기원』은 1859년에 출간되었다. 다윈의 진화론은 뉴턴의 고전역학보다 훨씬 단순한 이론인데 발견되기까지 꽤 오랜 시간이 걸린 셈이다. 과학자들은 이렇게 단순한 아이디어를 생각하지 못한 것에 대해 의아해할 정도였다. 다윈의 진화론이 난항을 겪은 것은 이론적으로 어려워서가 아니었다. 진화론의 발견은 인간이 진화했다는 것을 생각조차 하기 싫었기 때문에 늦어진 것이다. 인간이 원숭이의 자손이라는 거부감 외에도 우리에게는 다윈의 진화론을 이해하기 싫은 이유가 하나 더 있었다. 앞서 인용한 『청춘의 독서』에서 유시민은 "다윈은 토머스 맬서스나 허버트 스펜서처럼 '불쾌한 이름'들과 함께 등장하곤 했기 때문에 읽고 싶은 마음이 들지도 않았다"라고 말하고 있다. 맬서스가 밉고 스펜서가 싫어서 『종의 기원』을 읽지 않았다는 것이다. 이러한 그의 고백은 우리 역사에 드리워진 사회진화론의 그림자를 떠올리게 한다.

다윈의 진화론은 이해하기 어려운 것이 아니라 이해하기 싫다는 심리적 장벽에 가로막혀 있다. 그토록 다윈의 진화론이 비인간적인가? 그렇다. 다윈도 자신이 '악마의 사도'가 아닌가 회의했을 정도로 인간적 갈등과 고뇌에 시달렸다. 하지만 다윈의 위대함은 엄청난 고통을 감수하면서, 자연 세계에서 철저히 인간적 관점을 배제한 것이다. 그런데도 진화론의 의미도 모르는 사람들은 사회진화론이라는 잘못된 이론을 다윈의 이름에 덧씌우고 말았다. 진화론을 이해하기 위해서는 다윈의 삶과 인간적 고뇌를 살펴보는 것만큼 좋은 방법은 없을 것이다.

찰스 다윈Charles Robert Darwin, 1809~1882은 1809년 2월 12일, 영국 슈루즈베리의 신사계급 집안에서 태어났다. 19세기 빅토리아 시대와 신사계급은 다윈의 정체성을 이해하는 데 중요한 요소이다. 빅토리아 여왕이 통치하던 시대[재위 1837~1901]에 영국은 '해가 지지 않는 나라'라고 불릴 만큼 식민지 통치와 제국주의의 황금시대였다. 또한 빅토리아 시대의 영국은 신분제 질서가 유지되던 보수적인 사회였다. 다윈의 신사계급은 계급의 피라미드에서 맨 꼭대기에 있는 왕족과 귀족, 그다음이었다. 영국의 상속법에 따라 재산을 상속받지 못한 귀족의 자제들과 지방에 넓은 땅을 소유한 지주들이 여기에 속했다. 신사계급의 아래에는 사업에 성공한 상인과 전문 직업인으로 구성된 중간계급이 있었다. 그리고 그 아래에는 영국에서 가장 많은 인구를 차지하는 가난한 노동계급이 있었다. 이러한 신분제 질서에서 다윈은 신사계급의 특권과 재산을 소유하고 평생 과학연구만 하고 살 수 있었다.

다윈의 친할아버지 이래즈머스 다윈Erasmus Darwin, 1731~1802은 유명한 외과의사로서 『주노미아Zoonomia』라는 책을 쓰고 진화론을 주장한 자유사상가였다. 다윈의 외할아버지 조사이어 웨지우드Josiah Wedgwood, 1730~1795는 왕실에 도자기를 제공했던 영국의 대표적인 도자기 제조업자이며 산업자본가였다. 산업혁명기에 성공한 두 가문인 다윈 가와 웨지우드 가는 3대에 걸쳐 혼인 관계를 맺었다. 다윈의 아버지와 다윈은 웨지우드 가문의 딸들과 결혼했다. 빅토리아 시대 영국 국교회는 국가 지배 질서의 주축이었는데, 두 가문은 국교회를 멀리하고 종교적으로 급진적인 성향을 지니고 있었다. 다윈 가의 남자들, 즉 할아버지 이래즈머스 다윈을 비롯해 아버지와 형은 무신론자이거나 비신자였다. 또한 외삼촌 웨지우드는 삼위일체 교리를 부인하고 이성을 중요시하는 유니테리언 교도였다. 이러한 자유주의 사상과 종교적 급진주의는 다윈이 진화론을 발견하는 데 영향을 미쳤다고 할 수 있다.[26]

나의 삶은 서서히 진화해 왔다

어린 시절의 다윈은 평범한 아이였다. 8살 되던 해 어머니를 여의고 엄격한 아버지 밑에서 신사계급의 아들로 성장했다. 아버지 로버트 다윈Robert Darwin, 1766~1848은 성공한 의사였고, 런던의 엘리트 과학자 집단인 왕립학회 회원이기도 했다. 그는 밖에서 뛰어놀기를 좋아하는 다윈을 보고 불호령을 내리곤 했다. "너는 총사냥, 개 경주, 쥐잡기 말고는 좋아하는 것이 아무것도 없구나. 너는 장차 네 자신과 가족의 명예를 더럽힐 것이다!" 16세 때 다윈은 아버지의 걱정과 기대를 안고 할

아버지와 아버지가 공부했던 에든버러 의과대학에 입학했다. 그러나 해부학 실습장의 피와 악취를 견딜 수 없어서 의대 공부를 포기하고 말았다. 실망한 아버지는 다윈의 장래를 고민하던 끝에 국교회 성직자를 선택했다. 신앙이나 국교회에 관심은 없지만, 목사는 지방에 땅을 소유한 다윈과 같은 신사계급이 하기에 적당한 직업이었다. 다윈은 시골의 교구목사가 될 요량으로 케임브리지 대학에 진학했다.[27]

"나는 성경에 나오는 모든 표현의 문자적 의미를 추호도 의심하지 않았다." 성직자의 꿈을 안고 케임브리지에서 공부하던 시절에 다윈은 정통 기독교 신자였다. 구약성서의 「창세기」에 기반한 지구상의 모든 생물은 기원전 4004년에 창조되었고, 지구의 나이는 약 6,000년밖에 안 되었다는 이론을 믿고 있었다. 창조론을 의심 없이 받아들였던 다윈은 자신의 인생에서 어떤 내면적 갈등이 있으리라고는 예상치 못했다. 그 당시에 그는 신학보다 박물학에 관심이 더 많았을 뿐이었다. 케임브리지의 저명한 식물학자 존 헨슬로John Henslow, 1796~1861와 지질학자 애덤 세지윅Adam Sedgwick, 1785~1873을 만나서 토론하고, 딱정벌레를 채집하는 일에 많은 시간을 보냈다. 그런데 케임브리지 대학을 졸업하자 다윈에게 운명 같은 기회가 찾아왔다. 헨슬로 교수의 추천으로 해군 측량선 비글호에 탑승하게 된 것이었다.

비글호의 함장 피츠로이Robert Fitzroy는 27세에 해군사관학교를 졸업한 귀족 출신이었다. 항해 중에 말동무가 되어줄 비슷한 신분의 박물학자를 찾고 있었는데 여러 면에서 다윈이 적격이었다. 평소 탐험 여행을 꿈꾸던 다윈은 가슴이 벅차올랐다. 빅토리아 시대의 영국인이었기에 가능했던 세계 일주의 기회가 온 것이었다. 1831년 12월에 출발한 비글호는 남아메리카를 거쳐 지구를 한 바퀴 돌고 1836년 10월에 영국으로 돌아왔다. 장장 5년 여의 항해 기간에 다윈은 참으로 많은 것을 보고 배웠다. 27미터 길이의 비글호에서 뱃멀미, 악천후와 싸우며 세상 끝까지 가본 경험은 다윈을 크게 성장시켰다. 누구도 보지 못한 다양한 지질 구조와 동식물들을 발견하고 새로운 생각의 씨앗을 키웠다. 날카롭고 꼼꼼한 관찰력으로 『비글호 항해기』를 쓰고, 부지런히 동식물의 표본을 만들어 영국으로 보냈다. 비글호 항해를 마치고 영국으로 귀환했을 때 그는 5년 전의 다윈이 아니었다.

첫 기항지 남아메리카에서 다윈은 지진과 화산 분출, 거대한 화석들, 야만인들, 안데스산맥을 만났다. 이곳의 지질 구조와 화석 증거들을 관찰하고는 큰 충격과 혼란에 빠질 수밖에 없었다. 그동안 믿어 왔던 신과 자연에 대한 가치관이 흔들리기 시작했다. 종은 고정된 것인가, 변화하는 것인가? 감히 젊은 박물학자로서 해서는 안 될 질문과 의심이 꼬리를 물고 생겨났다. 특히 메가테리움 같이 멸종된 대형 포유류를 비롯한 수많은 화석 증거는 구약성서의 창조론을 부정했다. 아무리 노아의 홍수와 같은 천재지변이 일어나 지구의 생명체를 모두 멸종시키고 새로운 종을 탄생시켰다고 해도, 지구의 나이 6,000년은 너무나 짧은 시간이었다. 다윈은 산꼭대기에서 발견된 조개 화석을 보면서, 바다에서 땅이 솟아오르고 또 솟아올라 산맥을 형성하려면 상상할 수 없는 긴 시간이 필요하다는 사실을 깨달았다. 비글호에 승선할 때 가지고 탔던 라이엘Charles Lyell, 1797~1875의 『지질학의 원리』 1권은 특히 이러한 지질학적 특징을 잘 설명하고 있었다.

『지질학의 원리』를 탐독했던 다윈은 라이엘이 주장하는 동일과정설uniformitarianism을 지지하게 되었다. 라이엘은 지구 환경의 급격한 변화에 반대하는 입장이었다. 한 차례의 격변으로 산맥이 솟아오르는 것이 아니었다. 산맥은 거의 알아볼 수 없을 만큼 조금씩 솟아오르고 있었다. 다시 말해 과거에도 현재와 같은 동일한 과정이 반복되고 있었다. 지질학의 역사는 노아의 홍수와 같은 천재지변을 겪지 않고 오늘날과 비슷한 조건에서 형성되었다는 것이다. 다윈은 산맥이 어마어마한 세월 동안 수천 번, 수만 번의 작은 융기를 통해 만들어지는 과정을 상상했다. 남아메리카에서 직접 라이엘의 동일과정설을 확인하니 지구 환경이 점진적으로 변화했다는 확신이 들었다. 이렇게 지질학적으로 긴 시간이 주어졌다면 어떤 일도 일어날 수 있는 것처럼 보였다.

다윈의 머릿속에 떠오른 것이 진화론이었다. 다윈의 눈에는 지구 환경만 변하는 것이 아니었다. 환경의 변화에 따라 동식물도 서서히 변화하고 있었다. 메가테리움처럼 환경 변화에 스트레스를 받고 멸종한 종이 있는가 하면, 새로운 종이 탄생하기도 했다. 그 과정이 어떤지 자세하게 알 수는 없지만, 종은 계속해서 바뀌고 있었다. 이때 다윈은 할아버지 이래즈머스 다윈의 진화론이 생각났다. 현재 살아 있는 모든 생물은 태초의 미생물에서 점진적으로 진화했다! 할아버지는『주노미아』에서 모든 생물은 하나의 공통 조상에서 나왔다는 파격적인 주장을 폈다. 할아버지 말대로 모든 생물의 조상을 거슬러 올라가면 하나의 줄기에서 만날까? 어떤 자연적인 메커니즘이 종의 변화를 일으키는 것일까?

당시 프랑스의 자연사학자 라마르크Jean-Baptist Lamarck, 1744~1829는 진화론에 관한 이론을 내놓았다. 그는 1809년에 출간한『동물철학』에서 생물 종이 점진적으로 변화하는 두 가지 원리를 제시했다. 자주 사용하는 기관은 발달하고 사용하지 않는 기관은 퇴화한다는 것. 그리고 이렇게 얻는 기관의 변화는 자손에게 물려준다는 것. 기린의 목은 자주 사용해서 길어졌고 긴 목의 특징을 자손에게 물려주었기 때문에, 오늘날 기린은 긴 목을 갖게 되었다는 것이다. 어려운 말로 하면 하나는 용불용설用不用說이고 또 하나는 획득형질의 유전이론이다. 이러한 이론을 통해 라마르크는 종의 변화와 그 원인을 설명하려고 시도했으며 환경의 변화가 동식물의 구조에 변화를 일으킨다고 주장했다.

　다윈의 할아버지 이래즈머스의 진화론을 외면했던 런던의 왕립학회는 라마르크의 이론에 대해서도 냉담했다. 특히 '긴 목' 같은 획득형질의 유전에 대해 집중적으로 비판했다. 레슬링 선수의 근육처럼 부모의 획득형질은 자식 세대에 유전되지 않기 때문이다. 다윈이 비글호 항해 중에 라이엘의『지질학 원리』 2권을 전달받았는데, 이 책에서도 라마르크는 혹독하게 비판받고 있었다. 라이엘은 라마르크의 진화론을 조금도 인정하지 않았다. 종은 고정되어 있고, 종 변형은 없다는 것이 라이엘의 신념이었다.

　하지만 다윈의 생각은 달랐다. 종이 변하는 것을 인정하기 시작한 다윈은 라마르크의 진화론을 곱씹어 생각했다. 라마르크가 터무니없는 오류를 범하긴 했지만 그렇게 저평가될 일은 아닌 것 같았다. 종의 변화와 그 원인을 찾고 생물과 환경의 변화를 연결한 점은 의미 있는 논의였다. 그런데 문제는 종 변화의 추진력을 어디에 두는가 하는 점이다. 라마르크의 말대로라면, 기린의 목이 길어지는 과정은 생물의 의지나 욕구가 종의 변화에 작용하는 것처럼 보였다. 유인원이 걷기를 열망하고 안간힘을 써서 인간이 탄생한 것으로 잘못 이해할 수 있다는 점이다. 다윈은 생물의 내부가 아니라 외부, 즉 물리적 환경이 종 변화의 원인이 될 것으로 생각했다. 비글호에서 진화에 대한 고민이 깊어진 20대의 다윈은 라이엘과 라마르크의 선구적인 이론들을 비판적으로 받아들이고 있었다.

드디어 1835년 9월, 갈라파고스 제도에 도착했다. 그곳의 지형은 매우 험악했다. 검게 부서진 용암 덩어리 땅에 타는 듯이 뜨거운 태양 빛이 내리쬐고 있었다. 화산 지형의 각 섬들은 동식물들이 살기에 척박했고, 서식하는 동물 종도 몇 가지 없었다. 고작 거북이과 도마뱀, 물새가 전부였다. 그런데 놀랍게도 각각의 섬에는 각 종마다 생김새가 서로 다른 개체들이 넘쳐났다. 거북이만 해도 다양한 등껍질을 가지고 있었고, 물새들은 부리가 짧은 것, 긴 것, 휘어진 것, 두꺼운 것 등 각양각색의 모습이었다. 섬사람들은 거북이를 보면 그것이 어느 섬의 거북이인지 알아맞힐 수 있을 정도라고 했다.

다윈은 이곳에서 진화에 대한 결정적 증거를 확보했는데, 처음에는 그것을 깨닫지조차 못했다. 『비글호 항해기』에서 "나는 지금까지의 자연사상 이 섬들에서 가장 놀라운 볼거리를 눈치채지 못하고 있었다. 바로 상당히 멀리 떨어져 있는 각기 다른 섬마다 서로 다른 생물군이 서식하고 있다는 사실"이라고 털어 놓았다. 영국에 와서 확인해 본 후에야 이러한 사실을 알게 되었던 것이다. 오늘날 '다윈의 핀치'라고 부르는 새들이 일등공신이었다. 채집할 당시에 굴뚝새, 콩새라고 여겼던 표본들을 조류학자 존 굴드John Gould, 1804~1881에게 의뢰한 결과, 13종 모두가 핀치라는 사실이 밝혀졌다. 다윈은 식별할 수 없을 정도로 핀치가 변했다는 데 놀라지 않을 수 없었다. 굴드는 13종의 핀치를 [그림 3]과 같이 네 종류로 구분했다. 큰땅 핀치, 중간땅 핀치, 작은나무 핀치, 개개비 핀치 등인데, 보다시피 부리 모양이 모두 달랐다. 남아메리카에서 하나의 종, 핀치가 갈라파고스 제도에 날아와서 변종으로 분화한 것이었다.

하나의 종에서 다른 변종들이 생겨났다! 다윈은 지리적으로 고립된 섬 지역에서 변종이 나타났음을 직접 확인했다. 그렇다면 갈라파고스의 각 섬마다 고유종이 살고 있다는 것을 어찌 설명할 것인가? 하느님이 종을 하나하나 독립적으로 창조해서 갈라파고스의 작은 섬들에 각각 살게 했을 리는 없었다. 남아메리카의 핀치가 갈라파고스 제도로 건너와 척박한 환경에서도 살아남기 위해 변한 것이 분명했다. 처음에 핀

[그림 3] 다윈의 핀치

치가 얼마 없을 때는 먹이가 풍부했겠지만, 점점 핀치의 수가 늘어나면서 서식지 쟁탈전이 일어났을 것이다. 살아남기 위한 경쟁에서 부리 모양은 중요했을 것이고, 주어진 환경에 적응하기 위해 여러 모양의 부리를 갖게 되었을 거라고 다윈은 생각했다. 비글호 선장 피츠로이가 박물학자를 고용한 것은 창조론을 뒷받침할 증거들을 수집하기 위해서였는데, 갈라파고스 제도에서 진화론에 대한 확증을 얻은 다윈은 피츠로이의 기대를 저버렸다.

생명의 나무를 그리다

비글호 탐험 여행을 마치고 돌아왔을 때, 이미 다윈은 영국의 지식인들 사이에서 유명인사가 되어 있었다. 당시 지질학회 회장이었던 라이엘은 남아메리카에서 쓴 다윈의 보고서에서 깊은 인상을 받았고, 다윈을 만나길 원했다. 다윈은 동일과정설을 지지하는 라이엘의 제자가 되었고, 지질학회 회원으로 선출되었다. 또한 영국에서는 볼 수 없었던 남아메리카 고유종의 화석을 선보였다. 탐사 여행에서 수집해 온 포유류 80종과 조류 459종을 동물학회에 제출했고, 『비글호 항해기』도 탈고했다. 이제 다윈은 누가 보아도 명실상부한 신사 출신의 학자가 되었다. 지질학자·생물학자·고생물학자·자연사학자로서 이름을 알리기 시작했다. 그런데 그의 마음속에는 위대한 진화론자의 열망이 숨 쉬고 있었다. 1837년 다윈은 진화론에 대한 속마음을 털어 놓기 위해 비밀 노트를 마련했다. 할아버지와 같은 길을 가겠다는 뜻으로 속표지에 '주노미아'라고 썼다.

종은 계속 변하고 있는 것이 틀림없다! 이렇게 노트에 적고 나서 다윈은 비글호 항해의 경험을 떠올렸다. 먼저 갈라파고스 제도의 생물과 환경이었다. 척박한 환경의 갈라파고스 제도에는 생물 종의 수가 그리 많지 않았다. 그런데 각 종별 개체 수는 어마어마했고, 각각의 섬마다 다양한 변이가 나타났다. 다윈은 이러한 갈라파고스의 '개체'와 '변이'에 주목했다. 70억 인구의 외모가 모두 다르듯, 변이란 같은 생물 종의 개체 하나하나에 나타나는 서로 다른 특징들을 말한다. 라마르크의 획득형질 유전이론에서 형질은 곧 변이를 말한다. 예를 들어 핀치의 부리 모양이나 사람의 피부색 등 부모로부터 물려받은 특징이 형질이고 변이다. 다윈은 이러한 변이가 진화를 일어나게 만든다고 생각했다. 진화의 출발점은 개체들 사이의 변이였던 것이다.

갈라파고스의 핀치들을 생각해 보자. 예를 들어 A섬과 B섬은 해류에 의해 지역적으로 분리되어 있었고, 이곳에 사는 핀치들은 변화하기 시작했다. A섬의 핀치는 땅에서 딱딱한 견과류를 먹고 살면서 두껍고 단단한 부리를 갖게 되었고, B섬의 핀치는 물에서 곤충을 잡아먹으면서 작고 뾰족한 부리를 갖게 되었다. 개체들의 무리를 개체군이라고 하는데, 각각 섬의 개체군은 어느 시점에 너무나 달라져서 서로 교배가 되지 않는 상황이 벌어질 것이다. 여기에서 두 개체군은 서로 교배를 하지 못하고 번식할 수 있는 자식을 낳지 못하면 완전히 다른 종이 되고 마는 것이다. 이것이 '종분화'이며, 새로운 종이 탄생하는 진화가 일어난 것이다.

다윈은 비밀노트에 이러한 진화를 설명하기 위해 불규칙하게 분기된 나무 한 그루를 그렸다. 하나의 종에서 가지를 치듯이 두 개의 종이 생겨나고, 이 과정이 수천 번, 수만 번 거듭해서 다양한 생물체가 출현하는 모습을 표현했다. 다윈의 아이디어에서 가장 바탕이 되는 '생명의 나무'였다. 생명의 나무에서 가지치기는 라마르크의 진화론과 확연히 다른 차이점을 가진다. 라마르크는 침팬지에서 인간으로 진화하는 데 수직적인 사다리 모형을 제시했다. 과연 현생종인 침팬지에서 직접 인간으로 진화하는 것이 가능할까? 다윈은 아무리 시간이 지나도 이런 식의 진화는 일어나지 않는다고 생각했다. 진화를 생명의 나무로 표현한 것은 단선적인 진화가 아니라 어느 지점에서 종이 갈라지는 분기 진화를 말하고 싶어서였다. 생명의 나무를 거슬러 올라가면 침팬지와 인간이 갈라져 나온 공통 조상을 만나게 될 것이다.

생명의 나무에서 나무의 줄기는 모든 생명이 생겨난 먼

과거의 공통 조상이 있었음을 상징한다. 나무줄기가 하나에서 비롯하는 것은 궁극의 기원이 하나라는 뜻이다. 아주 오랜 시간에 걸쳐 생명의 나무는 자라났고, 크고 작은 많은 가지가 뻗어 나왔다. 그중에는 시들어서 말라 죽는 가지들이 있는 반면, 번성하고 잘 자라는 가지들도 있었다. 다윈이 볼 때, 시들어 버린 가지는 멸종하여 화석만 남은 종이고, 잘 자란 가지는 환경에 잘 적응하여 살아남은 종이었다. 이렇게 생명의 나무를 통해 수많은 종이 멸종하고 새로운 종이 탄생하는 진화의 과정을 설명할 수 있었다. 여기에서 가지가 나오는 방향, 즉 종분화가 일어나는 특정한 방향이 있는 것일까? 라마르크의 사다리 모형이라면 아래에서 위로 올라가는 방향이 있다. 위에 있는 동물은 아래에 있는 동물보다 고등하다는 것을 뜻했다.

다윈은 라마르크의 사다리를 걷어치웠다. 동물들을 한 줄로 세워 놓고 사다리를 차례차례 올라가는 그런 방향성은 없다고 보았다. 진화의 방향이 있는지 없는지는 변이를 관찰하면 알 수 있었다. 다윈은 변이를 관찰하기 위해 품종을 개량하는 육종가들을 찾았다. 그들은 한 무리의 가축에서 한 마리도 똑같은 것은 없다고 말했다. 놀랍게도 부모의 형질이 전달되는 유전적 변이는 우연적이고 무작위적으로 일어났다. 뛰어난 육종가들은 이러한 개체들의 다양한 변이를 이용해서 몇 세대 만에 경주용 말이나 애완용 개를 얻었다. 이때 육종가들이 한 일은 자기가 원하는 방향으로 변이가 일어난 개체를 선택하고 번식시키는 작업이었다. 육종가들은 좋은 품종을 얻기 위해 우연히 일어난 변이 가운데 하나를 선택해 교배시키는 일을 몇 세대에 걸쳐 반복했다. 결국 품종 개량은 육종가들이 원하는 변이체를 선택하고 다른 것들을 제거하는 과정이었다. 다윈은 육종가들을 통해 두 가지 원리를 터득했다. 유전적 변이는 무작위적으로 일어난다는 것과 선택의 힘이었다.

다윈은 육종가의 인위선택과 구별해 '자연 선택'이라는 용어를 찾아냈다. 육종가들이 했던 선택을 위대한 자연이 하지 못할 이유가 없다고 생각했다. 갈라파고스의 자연도 각 섬의 서식 환경에 맞는 핀치를 선택하고 다른 것들을 제거하는 일을 한 것이었다. 그렇다면 이러한 자연 선택이 일어나는 배경은 무엇일까? 1838년 9월 다윈은 맬서스Thomas Robert Malthus, 1766~1834의『인구론』을 읽고 생존경쟁이라는 단어에 빠져들었다. 당시 전 세계 인구는 10억을 넘어섰고, 식민지 자원을 쟁탈하기 위한 전쟁이 한창이었다. 이 같은 현실을 반영하듯 맬서스는 인구 증가와 식량 부족을 정량적인 법칙으로 나타냈다. 인구는 기하급수적으로 늘어나는데 식량은 산술급수적으로 늘어날 뿐이다. 결국 인구 증가는 식량공급을 앞지를 것이고, 감당할 수 없는 인구 압력 때문에 생존경쟁은 불가피하다는 논리였다. 다윈은 이러한 맬서스의 이론을 자연 세계에 적용했다. 자연 세계는 생존할 수 있는 것보다 훨씬 많은 개체가 태어났다. 개체 수는 많고 자원은 한정적인 환경에서 동식물은 살아남기 위해 경쟁할 수밖에 없었다. 종이 변화하는 원인을 생물의 외부, 즉 물리적 환경에서 찾았던 다윈은 생존경쟁을 할 수밖에 없는 환경이 자연 선택이 일어나는 배경이라고 생각했다.

실제 다윈은 새로운 종이 출현한 것을 본 적이 없다. 그 당시에 살던 누구도 새로운 종이 탄생하는 진화를 관찰한 사람은 없었다. 진화라는 믿을 수 없는 사실을 입증한다는 것은 결코 쉬운 일이 아니었다. 한 종에서 다른 종으로 바뀌는 것을 진화라고 한다면, 다윈 이전에도 진화론을 언급한 사람은 있었다. 그러나 진화가 어떻게 일어나는지를 제대로 설명하지는 못했다. 마침내 다윈은 자연 선택에 의한 진화론을 구상했다. 그의 업적은 진화론이 아니라 자연 선택에 있었다. 즉 진화를 일으키는 추진력, 진화의 메커니즘이 자연 선택이라는 사실을 밝힌 것이다. 다윈은 진화론과 자연 선택을 합쳐 자연 선택에 의한 진화론이라는 위험하고도 강력한 아이디어를 내놓았다.

다윈의 자연 선택 이론은 매우 단순하다. 첫째, 모든 종은 생존할 수 있는 것보다 더 많은 개체를 만들고 생존을 위해 서로 경쟁한다. 둘째, 같은 종에 속하는 개체들 사이에는 변이가 나타난다. 셋째, 특정 변이를 가진 개체가 다른 개체들보다 환경에 더 적합하다. 넷째, 그 변이 가운데 일부는 자손에게 전달된다. 한마디로 자연 선택은 조금이라도 생존에 유리한 변이를 가진 개체들이 더 잘 살아남아 자손을 퍼뜨린다는 것이다. 이러한 자연 선택이 오랜 시간에 걸쳐 일어나면 새로운 종을 만들 수 있다는 것! 이것이 바로 다윈이 주장하는 진화론이었다. 생물 종은 어떤 외부의 도움 없이 다른 종으로 변할 수 있다. 개체군과 변이가 있으면 스스로 알아서 살아남고 자손에게 전달하면서 진화가 일어난다. 얼핏 단순한 것 같지만 위험하고도 강력한 아이디어라고 하는 이유가 바로 여기에 있다. 다윈은 창조주 신이 개입할 여지를 조금도 허용하지 않았던 것이다.

자연 선택과 더불어 다윈의 진화론에서 중요한 개념이 '생명의 나무'다. 모든 종은 하나의 공통 조상에서 나왔다는 것이다. 수천 년 동안 모든 종이 처음부터 결정되어 변하지 않는 존재라고 믿어 왔던 서양 사람들은 큰 충격에 빠졌다. 종의 불변성이 깨진다는 것은 지금까지 누려왔던 인간의 특권적 지위마저 포기하는 것이었다. 코페르니쿠스가 우주의 중심이 지구가 아니라고 했을 때 그들은 얼마나 낙담했던가! 지구가 우주의 중심이 아닐지라도 인간은 지구상에 존재하는 모든 생명체의 중심이자 목적이라고 믿고 싶었다. 그런데 종의 기원을 다루는 진화론은 인간의 존재를 배제할 수 없었고, 궁극적으로 인간의 기원을 만천하에 드러냈다. 라이엘을 비롯해 진화론을 반대했던 수많은 사람이 두려워했던 것도 바로 이것이었다. 인간은 만물의 영장이 아니며 한낱 유인원에서 진화한 동물에 불과하다는 것. 다윈의 진화론은 창조주를 부인하고 인간의 존엄성을 훼손하는 불경스러운 사상임에 틀림없었다.

특히 다윈의 세계관은 자연에 대한 과거의 관념을 뒤엎는 혁명적인 철학이 담겨 있었다. 예로부터 서양이나 동양에서는 자연에 합목적적인 질서가 있다고 믿어왔다. 자연에는 인간이 본받아야 할 순리와 도道가 있다고 여기며 자연을 관찰하고 탐구했다. 자연은 항상 변치 않는 모습으로 인간에게 가르침을 주거나 어머니처럼 따뜻하게 품어 주는 온정적인 존재였다. 그러나 다윈이 말하는 자연은 아름답고 조화롭고 질서 있는 존재가 아니었다. 다윈의 자연은 "피투성이 이빨과 발톱"을 드러내고, 강자가 약자를 짓밟고 살아남는 냉혹하기 짝이 없는 곳이었다. 다윈은 진화론을 연구하며 자신을 악마의 사도라고 자책했다. "악마의 사도가 아니면 누가, 이런 꼴사납고 소모적이며 실수를 연발하는, 저속하고 끔찍할 정도로 잔혹한 자연의 소행에 대한 책을 쓸 수 있겠는가!" 자연은 인간이나 생명체가 겪고 있는 고통에 무심하고 실수투성이며 우연에 좌우될 뿐이었다. 생존경쟁에서 살아남는다는 것은 유전적 변이와 환경이라는 우연성에 의지하는 일이고 예측할 수도 없는 일이었다. 자연 선택에는 목적도, 방향도, 미래도 없었다.[28]

다윈은 이러한 내용을 비밀노트에 꼼꼼히 적었다. 1837년부터 쓴 노트를 정리해 1839년에는 자연 선택에 관한 35쪽짜리 개요를 완성했다. 과연 이 논문을 출판할 수 있을까? 아무리 생각해도 다윈은 고개를 내저을 수밖에 없었다. 그가 알고 있는 영국 최고의 지질학자·국교회 성직자·케임브리지 대학교수들은 진화론을 부도덕하고 위법한 것으로 혐오했다. 진화론은 전지전능한 신의 영역에 도전하고 우주에서 인간의 고귀한 지위를 위협하는 불온한 사상이었다. 자연에 질서가 없다는 논리를 제공해 영국 국교회와 국가 기강을 무너뜨리는 주장이었다. 아마 무신론자·무정부주의자·사회주의자·유물론자와 같은 부류로 취급될 게 뻔했다. 다윈은 자신 같은 신사계급이 진화론 책을 낸다는 것은 명백한 반역 행위라는 사실을 잘 알고 있었다. 배신자로 낙인찍히고 사회적 지위도 위태로워질 것이다. 이렇게 모든 것을 잃을까 봐 다윈은 무섭고 두려웠다.

다윈이 자연 선택에 의한 진화론을 구상한 이 시기에 영국 사회는 차티스트들이 주동한 총파업으로 거의 마비 상태였다. 차티스트 운동Chartism, 1838~1848은 '인민헌장The people's charter'에서 나온 말인데, 영국 노동자 계급이 보통 선거권을 얻기 위해 대대적으로 벌인 민중운동이었다. 빅토리아 시대 영국의 부르주아들은 권력과 부를 독점하고, 노동자 계급은 비참한 생활을 하고 있었다. 도시 빈민굴에서 혹독한 노동에 시달리던 노동계급은 허기와 분노를 끌어안고 노동운동에 나섰다. 불황과 실업으로 노동자의 시위가 끊이지 않았으며 사회적 동요로 불안감이 급증하던 상황이었다. 이러한 런던의 한복판에서 진화론을 발표한다는 것은 불바다에 폭탄을 던지는 격이었다. 유물론자와 무신론자들은 『이성의 소리』라는 신문을 창간하고 혁명적 라마르크주의를 결성했다. 진화론은 체제전복을 요구하는 무신론적 선동가과 사회주의 혁명가들에게 분명 이용당할 것이다.

다윈은 꽁꽁 숨을 수밖에 없었다. 진화론을 말해서는 안 되는 상황은 다윈을 병들게 만들었다. 평생 만성피로와 위장장애, 가려움을 동반한 피부병에 시달렸다. 그의 정확한 병명은 알려지지 않았지만 아마 자율신경계에 이상이 있었던 것으로 보인다. 어쨌든 그는 1839년 1월에 사촌인 에마 웨지우드Emma Wedgwood와 결혼하고, 1842년 런던을 떠났다. 런던에서 25킬로미터 떨어진 켄트 주 다운 마을은 조용하고 한적한 시골 마을이었다. 건강을 핑계로 시골에 보금자리를 마련한 다윈은 지난번 개요를 고쳐서 자연 선택 이론의 초안을 작성했고 2년 뒤인 1844년에 7년 동안 숙고한 생각을 189쪽짜리 논문으로 정리했다. 그 순간 다윈은 자신이 죽은 뒤 진화론을 세상에 알리자는 선택을 했다. 믿을 만한 친구인 식물학자 후커Sir Joseph D. Hooker, 1817~1911에게 진화론을 알리고, 아내에게 자신이 죽으면 이 논문을 출간하라는 편지글을 남겼다. 후커에게 처음으로 진화론을 공개하며 다윈은 떨고 있었다. "나는 (내가 처음에 가졌던 생각과 달리) 종이 영구불변하지 않는다는 사실을 거의 확신합니다. 이것은 살인을 고백하는 것과 같습니다."[29]

4.『종의 기원』,
종교와 철학을 뒤엎다

1850년대에 들어서면서 영국은 역사상 유례없는 호황기를 누리기 시작했다. 세계의 공장, 대영제국은 지구상에서 가장 부유한 국가였다. 산업 발전과 자유무역정책의 성공적 결합으로 항구마다 수출품을 실은 선박들이 가득했다. 1847년에 1,430만 톤이었던 해외 수송 물량은 1880년에 5,870만 톤으로 껑충 뛰어올랐고, 1851년 5억 2,300만 파운드였던 국민 총 소득은 1881년에 두 배로 늘어났다. 영국은 밖으로는 식민지, 안으로는 노동계급을 수탈하며 세계에서 독보적인 부와 제국을 일구었다. 빅토리아 시대 전성기에 물질적 풍요와 진보는 영국의 시대정신이었다. 1851년 허버트 스펜서가『사회정역학』에서 '진보의 법칙'을 내놓은 것은 이러한 사회적 분위기를 반영한 것이다. 런던의 자유사상가들 사이에서 진보·인구·진화에 대한 이론이 유행처럼 번지고 있었다.

다윈은 벽장 속의 진화론자에서 조금씩 세상 구경에 나섰다. 1846년에 시작한 따개비 연구는 8년 여 만에 마무리 짓고 학계에서 좋은 평가를 받았다. 영광스럽게도 1853년에 '자연철학계의 기사 작위'인 왕립학회 메달 수여자가 되었다. 따개비 연구를 비롯해 『비글호 항해기』와 지질학 연구를 인정받은 결과였다. 전년도인 1852년에는 토마스 헉슬리가 왕립학회 메달을 받았고, 1854년에는 다윈의 가까운 친구 후커가 받았다. 왕립학회는 헉슬리, 다윈, 후커와 같은 젊은 피를 수혈하고 개혁의 새바람을 불어넣기 시작했다. 돈 있는 신사계급이 호사가적 취미로 과학을 연구하던 시대는 끝나가고 있었다. 재능 있는 중간계급이 전문성을 가지고 과학자라는 새로운 직업에 도전하고 있었다. 토마스 헉슬리가 대표적인 인물이었다. 헉슬리는 영국 과학이 국교회 성직자들의 손아귀에서 벗어나고 과학자의 사회적 위상이 높아지길 열망했다. 1854년에 왕립광산학교의 정규교사가 된 헉슬리는 노동자들을 대상으로 강의하고, 대중적 지지와 존경을 받는 과학자로 성장했다. 젊은 개혁가 헉슬리와 후커는 여러 면에서 다윈과 쉽게 의기투합이 되었다.

다윈은 때가 무르익었다는 생각이 들었다. 과학의 사회적 토대가 변하고 있는 이 시기에 진화론을 발표할 수 있다는 판단이 섰다. 그렇지만 무엇보다 중요한 것은 자신의 진화론이 대중을 선동하는 진화론과 확실히 구별되어야 한다고 생각했다. 지난 1844년에 나왔던 『창조의 자연사가 남긴 흔적들』(이하 『흔적들』) 같은 책들은 대중적으로는 선풍적 인기를 끌었으나 학계에서는 혹독하게 비난받았다. 다윈이 원하는 것은 엄밀한 과학적 지식을 제공하고 헉슬리나 후커와 같은 왕립학회 회원들로부터 지지를 얻는 것이었다. 새로운 과학 특권계급부터 설득하여 진화론의 젊은 친위부대를 구축하고, 과학의 무혈 쿠데타를 일으킬 생각이었다. 과학혁명을 준비하는 다윈은 이렇게 치밀한 전략을 구상했다. 드디어 1856년 『자연선택』이라는 일생의 역작을 쓰기 시작했다. 가축의 사육과 인위선택을 설명하기 위해 90여 종의 비둘기를 사들였다. 과학적 증거들을 끌어모으고 온갖 실험을 하면서 심혈을 기울여 책을 써나갔다.

그런데 1858년 6월 18일, 다윈 앞으로 온 한 통의 편지는 모든 것을 한순간에 물거품으로 만들었다. 전부터 알고 지내던 월리스Alfred Russel Wallace, 1823~1913가 20쪽 정도의 원고를 보냈는데, 자신의 것과 똑같은 진화론이 적혀 있었다. 월리스의 원고는 마치 1842년에 다윈 자신이 쓴 30여 쪽짜리 개요를 보는 듯한 착각이 들 정도였다. 그토록 가슴을 졸이면서 20여 년 동안 품어 왔던 진화론을 다른 과학자에게 뺏길 위기에 처한 것이다. 월리스는 생계를 위해 말레이 제도의 보르네오 섬에서 새 박제, 딱정벌레, 이국적인 나비들을 파는 표본 사냥꾼이었다. 독학으로 자연사와 지질학을 공부한 아마추어 과학자였으며 정치적으로는 사회주의자였다. 익명의 저자가 쓴 대중적인 책 『흔적들』에서 진화론을 배우고 맬서스의 『인구론』을 읽었으며 다윈처럼 남아메리카 대륙을 탐사한 적이 있었다. 물론 다윈의 『비글호 항해기』를 탐독했고 다윈을 존경하고 있었다. 월리스가 평소 표본을 보내고 조언을 구하던 다윈에게 진화론의 아이디어를 보낸 것은 당연한 일이었다.

아뿔싸! 진화론에 대한 사회적 반발이 두려워 머뭇거리던 사이에 더 두려운 일이 벌어지고 말았다. 다윈은 절망적인 상태에서 월리스의 부탁대로 라이엘에게 논문을 보냈다. 이 소식을 들은 라이엘은 다윈을 구제할 방안을 찾았다. 다윈이 먼저 진화론을 연구했다는 증거는 1844년에 다윈의 초안을 처음으로 본 후커가 있었고, 1857년에 미국 하버드 대학의 그레이 교수에게 보낸 편지가 있었다. 라이엘은 후커와 논의한 끝에 월리스와 다윈의 발견을 공동 발표하는 것으로 타협점을 찾았다. 7월 1일, 런던 린네학회의 회원들 앞에서 다윈이 1844년에 쓴 소론과 1857년에 그레이에게 보낸 편지, 그리고 월리스의 논문을 발표했다. 다급하게 이뤄진 논문발표에 린네학회 회원들은 어리둥절했고, 침묵으로 반응했다. 이렇게 진화론은 조용히 세상에 나왔다. 이 모든 과정에 대해 불만이 없다는 월리스의 편지가 1859년 1월에 도착함으로써, 다윈이 걱정하던 사태는 벌어지지 않았다. 월리스는 그 이후에도 다윈과 좋은 관계로 지냈다. 이 둘의 관계는 과학사의 동시 발견 가운데 가장 아름다운 사례로 기록되었다.

　이제 다윈에게는 진화론을 책으로 써서 입증하는 일만 남았다. 다윈은 마침내 1859년 11월, 서둘러 마무리한 400쪽 분량의 『종의 기원』을 출간했다. 초판 서문에 "인간의 기원과 역사에 한 줄기 빛이 비칠 것이다"라는 암시적인 글을 적었을 뿐, 논란거리가 될 인간의 진화에 대해서는 한마디도 언급하지 않았다. 마음의 준비를 단단히 하고 기다리고 있는 다윈에게 뜻밖의 소식이 들려왔다. 초판 인쇄본 1,250부가 출간 당일에 전부 팔려 나갔다는 소식이었다. 다윈의 세밀한 논증에 압도되어 런던의 지식인이라면 반드시 읽어야 할 책으로 소문이 났던 것이다. 그러나 자연 선택을 이해하는 사람은 극소수였다. 다윈의 친위부대를 빼고는 학계의 반응도 호의적이지 않았다. 다윈의 은사였던 케임브리지 대학의 세지윅과 헨슬로는 자연 선택 이론에 반대했다. 세지윅은 다윈에게 보내는 편지 마지막에 "원숭이의 아들이며 자네의 오랜 친구"라는 비아냥거리는 말을 잊지 않고 남겼다. 누구보다 다윈을 섭섭하게 만든 사람은 라이엘이었다. 귀족이었던 찰스 라이엘 경은 저속한 진화론을 공개적으로 지지하길 꺼렸다.

　다윈은 수많은 반대파와 대적해야 하는 상황이었다. 헉슬리는 1860년 4월 처음으로 '다윈주의'라는 구호를 사용하고, 다윈의 지지파와 반대파를 구분하였다. 몸이 불편해 공개석상에 모습을 드러내지 않던 다윈은 자기편의 동지를 모으고

적의 공세를 예의주시했다. 적군은 영국박물관의 자연사 분과를 맡고 있는 오언Richard Owen, 1804~1892을 비롯해 국교회 성직자들과 정치적 보수파 외에도 셀 수 없이 많았다. 6월에 옥스퍼드에서 열린 영국과학진흥협회 회의는 작정하고 다윈의 진화론을 비난하는 회합이었다. 옥스퍼드는 영국 국교회의 아성이며 악명 높은 윌버포스Samuel Wilberforce 주교의 교구였다. 700여 명이 넘는 군중이 몰려들어 윌버포스 주교의 유창한 연설에 귀를 기울였다. 신이 우리를 창조했고, 인간은 예외적인 피조물이다, 동물과 달리 인간은 정신과 영혼이 있다 등등. 그리고 진화론이 얼마나 허무맹랑하고 추악한지에 대해 일방적으로 퍼부었다. 이때 윌버포스는 헉슬리를 쳐다보면서 할아버지와 할머니 중에 어느 쪽이 원숭이냐고 물었고, 분노한 헉슬리는 엄숙한 과학 토론을 조롱거리로 만드는 당신 같은 인간을 할아버지로 모시느니, 차라리 원숭이를 택하겠다고 되받아쳤다. 그다음에 발언권을 얻은 후커는 윌버포스가 『종의 기원』을 한 글자로 읽지 않고 이 자리에 나왔음을 폭로했다. 갈릴레오의 망원경을 보지도 않고 헛소리를 지껄이는 신학자들과 싸우는 기분으로 치열한 공방전을 치르고 있었다.

『종의 기원』은 미국에서 출판되었고 이탈리아에서도 번역 출간되었다. 다윈을 기쁘게 한 소식은 이것뿐이었다. 윌버포스와 같은 성직자들은 원숭이가 인간을 낳는 것을 본 적 없으니 진화론을 믿을 수 없다는 황당무계한 억지를 부렸다. 또한 미국 하버드 대학의 루이 아가시는 각각의 인종이 별개의 창조물이라고 주장했다. 인종차별주의자나 노예제를 찬성하는 백인들은 백인의 조상에 흑인의 피가 섞였다는 것을 용납할 수 없었다. 이들에게 진화론은 문화적 금기를 건드리고 종교적 정서를 위협하는 극악무도한 이론이었다. 관습과 종교로 굳어진 감성은 철옹성처럼 견고했다. 특히 오언, 라이엘, 그레이 등의 과학자들은 자연 선택의 방향성이 없다는 것을 이해하지 못했다. 이들은 자연 선택을 행하는 행위자가 있어서 진화의 방향을 이끌어간다고 생각했다. 마치 신과 같이 자애롭고 지적인 존재가 최적자를 가려내고 의도한 뜻대로 세계를 펼치고 있다고 말이다. 이들은 냉정하고 무자비한 자연의 진실을 인정하고 싶지 않았다. 또한 인간이 우연히 선택된 자연의 산물이라는 것도 무시하고 싶었던 것이다. 다윈은 자연 선택에 행위자가 있는 것처럼 자꾸 오해하는 것이 괴로워 자연 선택 대신에 스펜서가 추천한 적자생존the survival of the fittest이라는 용어를 쓰기 시작했다.

인간의 기원에 한 줄기 빛이 비칠 것이다

진화론에서 가장 중요한 문제가 남아 있었다. 『종의 기원』에서 다루지 않은 인간의 진화에 관한 것이다. 30년 전으로 거슬러 올라가 1837년 처음 비밀 노트를 만들 때부터 다윈은 인간의 문제를 고뇌했다. 그는 비글호 항해 중에 받았던 충격을 잊을 수가 없었다. 푸에고 제도에서 야만적으로 살아가는 사람들을 보았고, 브라질의 노예들이 학대 당하는 모습을 직접 목격했다. 노예들은 물론 미개인이라고 불리는 원주민들은 우리와 똑같은 인간이었다. 푸에고 제도의 원주민 세 명을 비글호에 탑승시켜 관찰해 본 결과, 결코 지능이 뒤떨어지지 않는다는 것을 확인했다. 다윈은 우리 자신에 대한 근원적인 질문을 하게 되었다. 인간은 누구이며, 어디서 왔는가? 어떻게 인간으로 진화했고, 왜 인종적 차이가 생겨났는가? 그의 연구 주제인 진화론은 궁극적으로 인간에 대한 궁금증을 해결하기 위한 것이었다. 『종의 기원』을 쓸 때 인간에 대해서는 언급하지 않았지만, 자연 선택에 의한 진화론이 인간에게도 적용되는 보편적 법칙이라는 확신을 가지고 있었다.

1871년 62세가 되던 해에 다윈은 『인간의 유래』를 내놓았다. "털북숭이 얼굴을 한 늙은 유인원", 이러한 공개적인 조롱과 비난에 다윈은 끄떡도 하지 않았다. 지난 세월 숱한 시련은 다윈을 더욱 단련시켰다. 원숭이가 인간의 조상인가? 그동안 수없이 받아온 '무식한' 질문에 다윈은 정면 돌파를 시도했다. 그렇다! 원숭이가 인간의 조상이다. 그 말은 인간과 원숭이가 공통 조상을 갖는다는 뜻이지만, 어쨌든 진화는 사실이다. 지금껏 종교계의 비방과 횡포를 참아 왔던 다윈은 마음을 단단히 먹고 대담하게 승부수를 던졌다. 『인간의 유래』의 서문에서 마지막 문단까지 평생에 걸쳐 탐구했던 과학적 진실을 또박또박 써내려갔다. 서문에서 "나는 『종의 기원』 초판에서 '인간의 기원과 역사에 한 줄기 빛이 비칠 것이다'라고 말했다. 이 말은 인간이 지구상에 출현한 방식이 다른 생물의 경우와 동일하게 취급되어야 한다는 것을 뜻한다"로 시작해 두 권의 기나긴 논증과 설득은 감동적인 마지막 문단으로 끝맺었다. 길지만 한번 읽어 보자.

이 작품에서 도달한 주요 결론, 즉 인간이 하등동물에서 유래했다는 결론은 유감스럽게도 많은 사람의 비위를 크게 상하게 할 것이다. 그러나 우리가 미개인에게서 유래했다는 사실은 거의 의심할 여지가 없다. 야생의 황폐한 해안에서 처음으로 푸에고 제도 원주민 무리를 보고 느꼈던 그 경악스러움을 나는 절대로 잊을 수가 없다. 내 마음속에 하나의 그림자가 스치고 지나갔기 때문이다. 그것은 우리 조상의 그림자였다.…토착지의 미개인을 본 적이 있는 사람이라면, 자신의 혈관 속에 비천한 생물의 피가 흐른다는 사실을 알게 되더라도 큰 수치심을 느끼지는 않을 것이다. 내 자신의 처지에서 본다면, 적을 괴롭히며 즐거워하고 엄청난 희생을 바치며 양심의 가책도 없이 유아를 살해하고 아내를 노예처럼 취급하며 예절이라고는 전혀 없고 천한 미신에 사로잡혀 있는 미개인에게서 내가 유래되었기를 바라지 않는다. 오히려 주인의 목숨을 구하려고 무서운 적에게 당당히 맞섰던 영웅적인 작은 원숭이나 산에서 내려와 사나운 개에게서 자신의 어린 동료를 구하고 의기양양하게 사라진 늙은 개코원숭이에게서 내가 유래되었기를 바란다.

인간은 비록 자신의 힘만으로 된 것은 아니지만 생물계의 가장 높은 정상에 오르게 되었다는 자부심을 버려야 할 것 같다. 그리고 원래부터 그 자리에 있었던 것이 아니고 낮은 곳에서 시작하여 지금의 높은 자리에 오르게 되었다는 사실이, 먼 미래에 지금보다 더 높은 곳에 오를 수 있다는 새로운 희망을 줄 수도 있다. 그러나 우리는 여기에서 희망이나 두려움에 관심을 두는 것이 아니다. 우리는 단지 이성이 허락하는 범위에서 진실을 발견하려는 것뿐이다. 그리고 나는 내 능력이 닿는 데까지 그 증거를 제시했다. 그렇지만 우리가 인정해야만 할 것이 있다고 생각한다. 인간은 고귀한 자질, 가장 비천한 대상에서 느끼는 연민, 다른 사람뿐만 아니라 가장 보잘것 없는 하등동물에게까지 확장될 수 있는 자비심, 태양계의 운동과 구성을 통찰하고 있는 존엄한 지성 같은 모든 고귀한 능력을 갖추고 있지만 그의 신체 구조 속에는 비천한 기원에 대한 지워지지 않는 흔적이 여전히 남아 있다는 것이다.[30]

이 글에서 다윈은 인간의 우월의식에 대해 경고하고 있다. 인간은 더 이상 모든 생물 위에 군림한 최고 권력자가 아니라는 것이다. 『인간의 유래』에서 다윈은 단호하게 자신의 주장을 펼쳤다. "첫째, 종이 개별적으로 창조되지 않았다는 것과 둘째, 자연 선택이 변화의 주요한 힘이었다는 것을 밝히는 것이 나의 목적이다."[31] 그리고 진화론 반대파들이 주장하는 인간의 특징들을 하나하나 반박했다. 인간에게만 마음과 영혼, 정신, 감정, 공감, 도덕, 양심, 종교, 언어 등등이 있다고 하는데, 이 모든 것은 동물의 본능에서 발달하고 자연 선택에 의해 진화한 것임을 보여 주었다. 먼저 과학적 유물론자답게 인간의 두뇌가 신체의 일부분이라는 것을 분명히 했다. 인간의 마음은 두뇌의 활동이며, 두뇌는 진화의 산물이다! 나약한 인간이 지구를 지배하게 된 것은 두뇌의 활동인 지적 능력이 있어서였다. 직립보행을 하고 뇌가 커진 인간은 집단생활이 생존에 유리한다는 것을 깨달았다. 혼자 살아가는 개체들은 대부분 멸종하였지만, 친밀한 관계를 유지한 인간은 서로 도와가며 위기를 모면하고 생존의 확률을 높였다. 인간은 서로의 감정을 이해하고, 개인적 이익보다 집단의 이익을 위해 협력할 줄 알았다. 이때 친밀한 관계로부터 슬픔, 기쁨, 즐거움, 괴로움과 같은 감정들이 자연 선택에 의해 형성되었다.

다윈은 인간이 사회적 동물임을 강조했다. 집단생활은 인간의 감정을 발달시켰고, 타인의 마음을 예측할 수 있는 능력을 향상시켰다. 다른 사람의 감정을 이해하고 마음을 읽는 능력은 엄청난 지능과 고도의 두뇌 활동을 요구하는 일이다. 다윈은 이것을 인간의 사회적 본능이라고 말했다. 그리고 사회적 본능으로부터 공감과 도덕이 생겨났다고 보았다. "남이 그대들에게 해 주기를 원하는 대로 남에게 해 주어라." 황금률에서 말하는, 타인의 아픔을 이해하고 배려하는 공감은 바로 도덕성의 기초가 되었다. 다윈은 이렇게 말하고 있다. "결국 우리의 도덕심이나 양심은 매우 복잡한 감정이 되었다. 이런 감정은 사회적 본능에서 출발해 동료들에 대한 공감을 거쳐서 이성과 이기주의로 발전했다. 그리고 후대로 내려가면서 종교가 이런 감정을 지배하게 되었고 교육과 습성을 통해서 확립되었다." 인간의 몸이 진화한 것처럼 인간의 마음도 진화했다. 도덕과 양심, 종교는 모두 인간의 마음이 만든 것이다! 다윈은 진화론을 반대하는 사람들의 마지막 보루까지 진격했다. 도덕과 양심, 종교는 하느님이 주신 것이 아니라 인간의 사회적 본능과 지적 능력으로부터 진화한 것이라고 주장했다.[32]

세계는 인간을 위해 존재하는 곳이 아니다! 예컨대 과거에 살았던 공룡은 인간을 출현시키기 위해 존재했던 것이 아니다. 인간은 우연히 선택되는 수많은 과정을 거친 최종 결과물일 뿐이다. 다윈은 인간의 계통도에서 "이 사슬의 고리 중 어느 하나만 존재하지 않았더라도 인간은 오늘날의 같은 모습은 아니었을 것"이라고 말했다. 그러면서 "유인원 같은 동물로부터 현재의 인간에 이르기까지 눈에 띄지 않을 정도로 점진적으로 변화해 온 일련의 과정 속에서, '인간'이라는 용어를 사용할 수 있는 지점을 명확하게 꼬집어 말한다는 것은 불가능한 일이다"라고 밝혔다. 인간의 특권, 즉 동물과 확연히 구분되는 인간의 출현을 기대하는 사람들을 겨냥해서 한 말이었다. 이에 대한 과학적 증거로 인간과 유인원이 해부학적으로 일치한다는 헉슬리의 논문을 제시했다. 그리고 인간의 조상은 인간과 유인원의 특징을 함께 가지고 있다는 것을 분명히 했다. 다윈은 오스트랄로피테쿠스의 존재를 예견했을 뿐 아니라 출현할 장소까지 정확히 예측했다. "과거에 아프리카에서 고릴라나 침팬지와 매우 흡사하게 닮은 유인원이 살다가 멸종되었을 가능성이 크다. 고릴라와 침팬지는 현재의 인간과 가장 가까운 친척이므로, 인간의 초기 조상도 다른 곳이 아닌 바로 아프리카에서 살았을 것이다."[33]

노예제에 반대했던 다윈은 인간을 인종으로 구별하는 관점을 단호하게 거부했다. 인종을 각각 별개의 종으로 보는 하버드 대학 루이 아가시의 견해는 인종차별주의와 노예제를 뒷받침하는 과학적 증거로 남용되고 있었다. 다윈은 『인간의 유래』에서 인간의 종은 하나라는 것을 분명히 밝히고, 인종적 차이가 나타나는 이유를 설명했다. "여러 해 동안 나는 성선택이 사람을 여러 인종으로 분화시키는 매우 중요한 역할을 했을 것이라고 생각했다." 이렇게 다윈은 성선택이라는 새로운 변이의 원인을 제시했다. "현저하게 가축화된 동물"인 인간은 자연 선택만으로 다양한 변이를 설명할 수 없었다. 인간에게 나타나는 수염, 큰 입, 커다란 엉덩이 등은 생존에 유리한 진화적 이점이 전혀 없는 것들이었다. 예를 들어 수컷 공작의 꼬리처럼 생존에는 도움이 안 되지만, 번식에 유리한 진화가 인간에게도 나타났다. 유전자적으로 더 좋은 배우자를 고르는 성 선택이 다양한 인종과 성별의 차이를 만들었던 것이다.

다윈은 인간의 유래를 이해하는 데 성 선택이 중요한 열쇠를 쥐고 있다고 생각했다. 그래서 『인간의 유래』 1권에서 인간의 유래, 2권에서 성 선택을 다루고, 이 둘을 묶어 출간했다. 이와 관련해 다윈은 인간과 동물의 감정 표현에 대한 책도 펴냈다. 유인원과 어린 아이, 여러 인종들의 얼굴 표정을 비교해보니 같은 방법으로 감정을 표현한다는 사실을 발견했다. 웃는 얼굴과 우는 얼굴, 기쁨과 슬픔의 감정은 인간만이 가지고 있는 것이 아니며 감정을 나타내는 얼굴 근육은 동물로부터 진화한 것이라는 결론을 얻었다. 다윈은 『인간의 유래』가 나온 이듬해에 『인간과 동물의 감정 표현』을 펴내고, 『종의 기원』과 더불어 다윈 3부작을 완성했다. 이외에도 『같은 종의 식물들에서 피어나는 꽃의 여러 형태』(1877), 『식물의 운동 능력』(1880), 『지렁이 작용에 의한 유기물 토양의 합성과 지렁이 습성의 관찰』(1881) 등을 발표하며 죽기 직전까지 지구상의 모든 생명체를 진화의 관점에서 설명하기 위해 꾸준히 연구했다. 다윈은 작은 것도 놓치지 않는 관찰자였으며, 수많은 실험을 시도하고 질문하고 답을 찾는 위대한 이론가였다.

　종교계에서 쏟아지는 비방을 피하기 위해 헉슬리는 '불가지론자'라는 말을 만들어냈다. 불가지론자는 신의 존재에 대해 확실하게 알 수 없다는 입장을 취하는 사람들을 말한다. 부도덕한 무신론자로 몰아세우는 탓에 다윈주의자들은 불가지론자가 되었다. 다윈은 평생 종교 문제로 아내 에마에게 상처 주는 것을 두려워하며 살았다. 1882년 4월 19일, 고뇌하는 진화론자는 무거웠던 삶의 짐을 내려놓았다. "나는 죽는 것이 조금도 두렵지 않다." 그의 마지막 유언이었다. 영혼과 내세를 믿지 않는 남편이 구원받지 못할까 봐 고통스러워하는 에마에게 불가지론자가 할 수 있는 최선의 말이었다. 빅토리아 시대에 영국 사회는 뉴턴과 라이엘에게 주었던 작위를 다윈에게는 주지 않았다. 다윈은 다윈 경이 되지 못하고 눈을 감았다. 그는 자신이 사랑했던 시골마을에 묻히기 원했지만, 다윈주의자들은 그의 업적을 기리며 웨스트민스터 대수도원에 시신을 안치했다. 장례식에서 헉슬리와 후커, 월리스가 관을 들고 입장했다. 추종자들의 슬픔을 뒤로한 채 다윈은 뉴턴의 기념비 아래에 묻혔다. "인간의 기원과 역사에 한 줄기 빛을 비춘" 위대한 진화론자는 이렇게 우리 곁을 떠났다. 영국 국교회는 마지못해 다윈의 업적을 인정했다.

사람은 왜 존재하는가?

어떤 행성에서 지적 생물이 성숙했다고 말할 수 있는 것은 그 생물이 자기의 존재 이유를 처음으로 알아냈을 때이다. 만약에 우주의 다른 곳에서 지적으로 뛰어난 생물이 지구를 방문했을 때, 그들이 우리의 문명 수준을 파악하기 위해 맨 처음 묻는 것은 우리가 "이미 진화를 발견했는가?"라는 물음일 것이다. 지구의 생물체는 그들 중의 하나가 진실을 이해하기 전까지 30억 년 동안 자기가 왜 존재하는가를 모르고 살았다. 진실을 이해한 그의 이름은 찰스 다윈이었다.[34]

다윈은 19세기 영국이라는 시대 속에 살았던 인물이다. 사회 계급은 보수적인 신사 계급이었고 정치적으로는 자유사상가였다. 종교적으로는 불가지론자였으며 과학적으로는 급진주의자였다. 인종차별주의를 극도로 혐오하고 노예제에 반대했으나 영국 제국주의는 자랑스러워했다. 그는 당시 영국의 식민지였던 오스트레일리아에서 "영국인이라면 이 멀리 떨어져 있는 식민지들을 드높은 자부심과 만족감 없이는 바라볼 수 없을 것이다"라고 감격해했다.[35] 또한 여성의 지능이 남성보다 뒤떨어졌다고 생각했고, 자연의 서열에서 하등동물과 고등동물이 있다고 거리낌 없이 말하곤 했다. 다윈을 비롯해 그 시대 영국인들은 사회적 진보에 대한 확고한 신념이 있었다. 산업기술은 자연을 지배했고, 영국인은 세계를 지배했다. 다윈과 월리스는 세계 탐사 여행을 통해 지질학을 배우고, 맬서스의 『인구론』을 읽고 생존경쟁과 자연 선택을 착안했다. 다윈과 월리스의 동시 발견에서 알 수 있듯이 진화론은 그 시대의 산물이었다. 한때 다윈주의는 사회진화론으로 잘못 인식되고 정치적으로 오용되기도 했다.

이러한 시대적 한계가 있었음에도 다윈의 진화론은 오늘날 더욱 진가를 발휘하고 있다. 그 이유는 앞에서 인용한 리처드 도킨스의 『이기적 유전자』에서 잘 말해 주고 있다. 사람은 왜 존재하는가? 우리는 30억 년 동안 자신이 왜 존재하는지도 모르고 살았는데, 다윈이 인간 존재에 대한 답을 제공했다는 것이다. 그 답은 진화였다. 아주 작은 원시 생명체로부터 인간에 이르기까지 그 장엄한 과정을 다윈은 간단한 생물학의 법칙으로 설명했다. 그런데 다윈의 진화론은 그리 단순한 이론이 아니다. 처음에 『종의 기원』이 나왔을 때는 극히 일부분의 생물학자들만 이해할 수 있었다. 거의 80년이 지난 1940년대에 들어 신다윈주의의 종합설이 나온 뒤에야 생물학자들도 자연 선택을 받아들이기 시작했다. 다윈의 진화론은 과거의 세계관을 모두 버려야 할 만큼 대단히 과감하고 독창적인 이론이었기 때문이다. 지금까지 다윈에 대해 찬사가 쏟아지는 이유도 바로 여기에 있다.

다윈의 진화론은 혁명적이었고, 그래서 사람들은 진화론을 두려워하고 외면했다. 다윈은 『인간의 유래』에서 진화론에 대한 거부감을 몇 번 언급했다. "종 출현이나 한 개체의 출현은 모두 엄청난 연속 시간의 결과다. 우리의 마음은 이 엄청난 사건이 단지 무계획적인 우연의 결과라고 받아들이기를 거부하는 것이다."[36] 다윈이 제시했던 자연 선택은 실수투성이이고 낭비적이며 우연적이고 기계적인 과정이었다. 자연 선택에는 앞날을 내다보는 눈이 없다. 그날그날의 생존에 대비해 적응했던 과정은 지구상의 모든 생명체를 탄생시켰다. 이렇게 다윈은 생명의 진화를 철저히 과학적이고 물질적인 관점에서 파헤쳤다. 몸과 마음을 분리하는 이원론을 거부했고, 초자연적인 원인으로 설명해 온 방식에서 벗어났다. 이러한 다윈의 진화론은 서양 철학의 전통적인 세계관과는 양립할 수 없는 것이었다.

그리스 철학의 전통은 자연의 목적성을 강조했다. 앞서 갈릴레오와 뉴턴에서 보았듯이 근대과학의 출현은 아리스토텔레스주의자와의 대결이었다. 아리스토텔레스의 목적론은 2,000년 동안 서양의 학문을 지배했고, 뉴턴은 이러한 목적론을 기계적 철학으로 대체했다. 이렇게 물리학에서는 아리스토텔레스의 세계관에서 벗어났지만, 생물학에서는 목적론적인 세계관이 여전히 남아 있었다. 수많은 사람은 미생물에서 나비, 물고기, 원숭이, 인간으로 진화하는 과정에 방향성과 목적이 있다고 생각했다. 진화 과정을 통제하는 어떤 힘이 존재한다고 믿고 싶어 했다. 나중에 진화론의 동시발견자였던 월리스도 자연 선택에 영적인 힘을 도입했을 만큼 자연의 목적성은 떨쳐 버리기 힘든 사고방식이었다. 그러나 다윈은 흔들리지 않고 목적론을 반대했다. 그는 자연 세계가 기계적이고 물리적인 법칙에 지배를 받는다는 뉴턴의 신념을 받아들였다.

또한 다윈은 아리스토텔레스의 목적론뿐만 아니라 플라톤의 본질주의에도 저항했다. 플라톤은 자연 세계를 탐구하는 목적이 진리를 발견하는 것이라고 보았는데, 이러한 진리는 변화하고 생성하는 현상계가 아니라 영원불변하는 이데아의 세계에 있다고 주장했다. 플라톤의 이데아는 인간의 머릿속에서 본질과 보편을 추구하는 관념이었다. 예컨대 현실세계에서 눈에 보이는 토끼는 허상이고, 현실세계의 배후에 신이 창조한 완벽한 토끼가 있다는 것이다. 그래서 라이엘이나 대부분의 생물학자들은 플라톤처럼 하나의 종으로서의 토끼만이 존재한다고 생각했다. 토끼 개체 하나하나의 차이와 변이에 대해서는 고려하지 않았고, 더구나 우연적으로 일어나는 변화는 취급하려고 들지도 않았다. 그러나 다윈은 각각의 개체들에서 나타나는 독특함에 주목했다. 한 우리의 가축들 사이에 똑같은 소나 양이 없고, 한 학교나 한 학급에서도 똑같은 학생은 없다. 생명의 다양성은 개체들이 보여 주는 사소하고 작은 특징들, 즉 변이로부터 시작되었다는 것을 다윈은 일찌감치 깨달았던 것이다. 플라톤은 변형과 우연을 무시했으나, 다윈은 개체들 사이의 변이와 우연적 변화를 존중했다. 자연 선택에 의한 진화론은 생물학의 법칙을 넘어 근본적인 철학적 관점까지 바꿔야 하는 위대한 이론이었다.[37]

자연에는 '목적'이 없다! 이러한 다윈의 주장은 신이 자연에 목적을 부여하고 인간을 창조했다고 믿는 사람들에게 큰 충격을 주었다. 위 문장에서 '목적'이라는 단어를 당위·도덕·가치·신 등으로 바꿔 말할 수 있다. 예컨대 자연에는 도덕이 없다. 도덕적이지 않다는 의미에서 비도덕적인 것이 아니라 무도덕적인 것을 말한다. 자연은 무엇을 해야 한다, 무엇이 가치 있다, 어떻게 살아야 한다는 등을 말하지 않는다. 지구가 태양 주위를 도는 것처럼 인간은 유인원으로부터 진화했다. 이러한 사실은 어떤 도덕적 결론도 강요하지 않는다.『종의 기원』의 마지막 문단에서 다윈은 이렇게 말했다. "행성이 고정된 중력의 법칙에 따라 영원히 돌고 도는 동안, 이토록 단순한 시작으로부터 너무나 아름답고 너무나 멋진 무한한 형태가 진화해 나왔고, 지금도 진화하고 있는 것이다."[38]

처음으로 돌아가 우리 이야기를 해 보자. 우리는 중국의 옌푸가 번역한『천연론』을 통해 진화론을 접했다. 옌푸는 자연의 도道로부터 인간의 도리를 배운다는 동양 사상에 익숙했기 때문에 자연에는 목적이나 도덕이 없다는 것을 이해하기 힘들었다. 『천연론』의 원본인 『진화와 윤리』에서 헉슬리는 분명히 진화를 도덕적으로 해석하지 말라고 경고했다. "나는 이른바 '진화의 윤리' 속에 또 다른 오류가 퍼져 있다고 생각한다.…'최적의 생존자'란 표현의 모호성에서 비롯되었다고 생각한다. '최적'은 '제일 좋은'의 의미를 함축하고 있고, '제일 좋은'은 도덕적 색채를 지니고 있다. 그렇지만 우주 자연에서 '최적'이라고 하는 것은 각종 조건에 의지하고 있다."[39]

그러나 옌푸는 헉슬리가 말한 부분을 빼 버리고 스펜서의 진화 개념을 해설에서 채워 넣었다. 스펜서는 진화를 통해 세계는 단순한 것에서 복잡한 것으로, 불안정한 것에서 안정으로, 혼란에서 질서로 변화한다고 말했다. 옌푸는 다윈주의가 아니라 스펜서주의를 번역한 것이다. 그는 다윈의 진화론에서 가장 핵심이 되는 부분을 간과했다. 우리는 다윈주의의 철학을 이해하지 못했기 때문에 사회진화론을 극복할 수 없었다. 그러나 다윈의 진화론은 그 당시에 헉슬리 같은 극소수의 생물학자들이나 이해했으며, 1940년대에 이르러서야 자연 선택의 개념이 널리 알려졌다. 우리가 접할 수 있었던 것은 서양에서부터 왜곡된 진화론이었다.

앞서 유시민의 『청춘의 독서』에서 다윈의 진화론에 대한 우리의 정서를 확인했다. 맬서스와 스펜서에 대한 불쾌한 감정 때문에 다윈의 진화론을 오해했다는 것! 지금까지도 우리의 뇌리에 우승열패, 적자생존의 논리가 각인된 것을 보면 사회 진화론에 대한 상처가 컸던 것은 분명하다. 이번 기회에 다윈의 진화론과 사회진화론의 차이를 확실히 이해할 필요가 있다. 다윈의 삶에서 진화론을 발견하는 과정을 살펴 보면, 다윈은 무엇보다도 자연이 지니는 특성을 관찰하는 데 많은 시간을 보냈다는 것을 알 수 있다. 그리고 자연이 왜 이렇게 진행되는지를 설명하기 위해 수없이 질문했고, 자연 선택이라는 가설을 설정하고 증명하려고 애썼다. 갈릴레오와 뉴턴처럼 오직 실재하는 자연을 이론화하는 데 집중했던 것이다.

혹자는 다윈이 맬서스의 인구론에서 영감을 얻는 것에 대해 불쾌하게 생각하기도 한다. 경제학자였던 맬서스는 당대에도 혹독한 비난을 받았던 인물이다. 다윈이 이것을 몰랐을 리 없는데, 다윈의 관심은 기하급수적으로 늘어나는 인구가 농업 생산성의 증가를 압도할 수 있다는 맬서스의 정당한 논리였다. 다윈이 맬서스의 인구론을 자연 세계에까지 확장해서 기계적으로 작동하는 원리를 찾은 것은 굉장히 중요한 성과였다. 인간이 보았을 때 맬서스의 전망은 우울하고 비관적이며, 생존 투쟁과 자연 선택은 잔인하고 무정하다고 할 수 있다. 그렇지만 자연 세계에서는 항상 일어나고 있는 일이다. 다시 말해 자연은 인간이 느끼는 감정에 전혀 신경 쓰지 않는다. 공룡이 멸종되었다고 자연이 애도하고 슬퍼하는가! 인간의 입장에서 자연은 극히 비인간적이고, 따라서 다윈의 진화론도 비인간적일 수밖에 없다.

이뿐만 아니라 자연에는 목적이 존재하지 않는다! 진화론의 핵심이라고 할 수 있는 이 철학적 관점은 우리가 가장 이해하기 어려운 부분이다. 왜 그럴까? 그 이유는 자연 선택에 의해 진화한 인간의 두뇌가 목적 지향적이기 때문이다. 모든 생물이 그러하듯이 생존이라는 목적은 인간의 두뇌를 목적 지향적으로 진화시켰다. 우리 조상들 중에서 앞날을 예측하고 계획하며 생존을 위해 중요한 것을 판단할 줄 아는 인간만이 살아남았다. 그래서 인간은 무엇이 중요한지를 느끼는 감정과 가치 판단 능력을 키웠으며, 왜 중요한지를 따지는 인과론적이고 목적론적인 설명에 익숙해졌다. 인간의 역사는 끊임없이 목적과 이상을 세우고, 그 목적을 실현하려고 노력한 과정이었다. 결국 인간의 두뇌는 모든 세계에 의미와 목적을 부여하기 때문에 자연에 목적이 없다는 다윈의 진화론을 받아들이기 어려웠던 것이다.

이제 다윈의 진화론과 사회진화론의 차이를 분명히 이해했을 것이다. 다윈의 진화론에는 목적이 없고, 사회진화론은 어떤 목적과 방향으로 진보하는 사회를 추구한 이론이다. 지금까지 다윈의 진화론을 단순한 아이디어로 생각해 왔다면 여기에 심오한 철학이 있다는 것을 느껴야 한다. 다윈이 인간적 고뇌를 이겨내며 진화론을 세상에 내놓은 것처럼 우리가 다윈의 진화론을 이해하기 위해서는 용기가 필요하다. 불편한 인간적 감정이나 목적론적인 해석을 배제하고 있는 그대로의 자연 세계를 마음으로 인정하는 자세가 요구된다.

　　세계는 인간과 독립적으로 존재한다. 즉 자연 세계는 인간을 위해 생겨난 것이 아니라는 뜻이다. 137억 년 전에 빅뱅으로 우주가 생성되었고, 인간은 고작 300만 년 전에 출현했다. 우주는 인간이 이해하기에는 엄청나게 광대한 곳이다. 겨우 300년 전에 뉴턴이 태양계를 발견했으며, 150년 전에 다윈이 왜 지구에 인간이 존재하는지를 밝혔다. 앞으로 과학은 상상 그 이상의 사실들을 우리 앞에 드러낼 것이다. '자유의지는 없다', '인간은 한 다발의 뉴런이다', '영혼은 뇌와 상관없이 독자적으로 존재할 수 없다', '인간은 평등하게 태어나지 않았다' 등등. 하지만 이 모든 과학적 사실의 출발점에는 다윈의 진화론이 있다. 다윈의 진화론을 이해하지 않고서는 우주와 인간에 관한 탐구가 한 걸음도 나아갈 수 없을 것이다.

인간이 만든 것은 인간을 닮았다
핵무기도 십자가도
콘돔도
—김영승의 「반성 743」에서

3부

에디슨의 빛과 그림자

1. 소설가 구보씨의 하루

전차 안에서

구보는, 우선, 제 자리를 찾지 못한다. 하나 남았던 좌석은 그보다 바로 한 걸음 먼저 차에 오른 젊은 여인에게 점령당했다. 구보는, 차장대車掌臺 가까운 한구석에 가 서서, 자기는 대체, 이 동대문행 차를 어디까지 타고 가야 할 것인가를, 대체, 어느 곳에 행복은 자기를 기다리고 있을 것인가를 생각해본다.

이제 이 차는 동대문을 돌아 경성운동장 앞으로 해서……구보는, 차장대, 운전대로 향한, 안으로 파란 융을 받쳐 댄 창을 본다. 전차과電車課에서는 그곳에 '뉴스'를 게시한다. 그러나 사람들은 요사이 축구도 야구도 하지 않는 모양이었다.

장충단으로, 청량리로, 혹은 성북동으로……. 그러나

요사이 구보는 교외를 즐기지 않는다. 그 곳에는, 하여
튼 자연이 있었고, 한적이 있었다. 그리고 고독조차 그곳
에는, 준비되어 있었다. 요사이, 구보는 고독을 두려워한
다.40

구보는 전차를 타고 창밖을 내다보다, 순간 고독이 밀려왔다.
젊은 여인에게 하나 남은 자리를 빼앗기고 허망하게 서 있었
다. 눈을 돌린 전차 안 광고판에는 축구와 야구에 대한 뉴스도
없었다. 동대문에서 전차를 바꿔 타고 장충단, 청량리, 성북동
으로 갈 수 있었지만, 구보는 한적한 교외에 가고픈 마음도 들
지 않았다. 경성이라는 도시, 낯모를 사람들, 전차 같은 근대
기계문명 속에서 구보는 다만 고독할 따름이었다. 1930년대
근대 도시의 단면을 그려낸 박태원의 대표 소설『소설가 구보
씨의 일일』의 한 장면이다. "직업과 아내를 갖지 않은, 스물여
섯 살"의 구보는 당시 결혼 적령기를 한참 넘긴 독신 남성이며
직업도 없는 룸펜이었다. 하릴없이 경성의 거리를 쏘다니며
글을 쓰는 이 남자는 '모던 보이' 박태원朴泰遠, 1909~1986이었다.

　　구보仇甫는 보통학교 시절에 친구들이 붙여준 박태원의
별명이었다. 그는 1909년 경성부 다옥정(현 다동)에서 태어
난 경성토박이였다. 그의 아버지 박용환朴容桓은 공애당 약국
을 경영하며 전국적 규모의 제약회사를 창업하기도 했다. 유
복한 중간계급의 삶을 살았던 박태원은 식민지 조선에서 최

고 학교를 다닌 엘리트였다. 경성고등보통학교 부속보통학교(현 서울대학교 사범대학 부속초등학교)와 경성제일고등보통학교(현 경기고등학교)를 마치고 일본 유학길에 올랐다. 1929년에는 동경 호세이法政 대학 예과에 입학하고 자유로운 유학생활을 만끽했다. 그런데 몸이 약했던 박태원은 학업을 지속할 수 없었다. 안타깝게도 영문학의 꿈을 접고 이듬해 호세이 대학을 중퇴했다.

경성에 돌아온 박태원은 소설가로 활동하기 시작했다. 동경 유학과 해박한 영어 실력은 모더니스트의 필요조건이 되었다. 그는 미국, 영국, 아일랜드, 프랑스, 러시아, 일본 등의 근대 작가 작품을 섭렵했다. 특히 제임스 조이스James Joyce, 1882~1941의 『율리시스』(1922)에서 깊은 영감을 얻었다. 이 책은 아일랜드의 수도 더블린에서 도시인의 생활과 내면세계를 기록한 소설로, 새로운 모더니즘의 기법을 선보였다. 제임스 조이스는 유적을 발굴하듯 근대 도시의 풍속과 세태를 꼼꼼하게 탐색하며 글을 썼다. 이러한 글쓰기를 근대modern와 고고학archaeology을 합성시켜 고현학考現學, modernology이라고 불렀다. 박태원은 조이스의 고현학에 매료되어 공책을 들고 다니며 경성을 면밀하게 조사했다. 이렇게 탄생한 것이 『소설가 구보 씨의 일일』이었다.

1934년 8월 1일 정오에 소설가 구보는 집을 나섰다. 그리고 그다음 날 새벽까지 경성 시내를 배회하고 집에 돌아왔다.

'도시 산책자'가 그려낸 열네 시간의 기록은 한 편의 소설이 되었다. 구보의 행보를 따라가 보자. 집을 나선 구보는 청계천과 광교를 지나 종로네거리의 화신백화점에 당도했다. "저도 모를 사이에 그의 발은 백화점 안으로" 들어섰다. 백화점에서 나와 전차를 타고 탑골공원과 종묘를 지나 동대문에 도착했다. 이곳에서 시내 방향으로 전차를 바꿔 타고 경성운동장과 황금정(을지로)을 거쳐 조선은행 앞에 내렸다. 장곡천정(소공동)에 있는 다방에 들러 커피를 마시며 축음기의 레코드를 들었다. 경성역으로 향한 구보는 대합실에서 우연히 동창생을 만나 끽다점에 갔다. 양복점에서 전화를 걸어 신문사 다니는 친구를 만났다. 종로 경찰서를 지나는데 황혼이 지고 있었다. 광화문 거리의 가로등 아래서 지나간 옛사랑을 떠올렸다. 조선호텔 앞에서 밤은 깊어갔다. 낙원정 카페에서 여급과 가볍게 웃고 떠들었다. 이렇게 집에 돌아온 것이 새벽 두 시였다.

1930년대 구보가 거닐었던 경성은 근대 도시의 모습을 갖추고 있었다. 백화점을 비롯해 공원과 운동장, 은행, 다방, 역 대합실, 끽다점, 양복점, 신문사, 경찰서, 호텔, 카페 등이 경성 거리를 가득 채우고 있었다. 구보는 당시 유행하던 '갓빠 머리', 일명 '바가지 머리'라고 불리는 헤어스타일을 뽐내며, 안경을 쓰고 양복을 입은 도시의 멋쟁이였다. 한 손에는 '대학노트'를, 또 다른 손에는 짧은 지팡이를 쥐고 포장도로 위에 지팡이와 구두소리를 내면서 걸었다. 이렇게 걷다가 지치면 전차를 탔다. 전차는 동대문 차고를 기점으로 종로와 광화문을 순환했고 서대문, 마포, 청량리 등의 교외지역으로 뻗어나갔다. 도로망과 교통수단의 발전은 경성이라는 도시 공간을 크게 확장시켰다. 전차를 움직이는 전기 기술은 도시 생활에서 빼놓을 수 없는 꽃이었다. 구보는 전화를 걸어 친구를 불러냈고, 축음기의 감미로운 노랫소리에 빠져들었다. 전등불은 도시의 밤을 대낮처럼 밝혔다. 이렇게 낮이나 밤이나 도시의 번화가는 사람들을 불러 모으고 걷고 즐기도록 유혹했다.

경성의 만보객(산책자) 구보는 문득문득 동경 유학시절이 그리워졌다. 동경의 가을, 히비야日比谷 공원에 이슬비가 구슬프게 내리는 날, 그는 옛 애인과 이별했다. "비에 젖어, 눈물에 젖어, 황혼의 거리를 전차도 타지 않고 한없이 걸어가던 그의 뒷모양"을 떠올리며 붙잡지 않은 것을 후회했다. "아아, 그가 보고 싶다. 그의 소식이 알고 싶다"라고 구보는 흐느꼈다. 그리고 길을 걷다가 가끔씩 "구보는 자기가 떠나온 뒤의 변한 동경이 보고 싶다 생각한다." 구보의 도시적 감수성을 잉태한 동경은 경성의 원조 격인 도시였다. 동경에 비하면 경성은 식민지 짝퉁 도시에 불과했다. 그렇다면 동경은 근대 도시의 원형인가? 그렇지 않다. 일제는 파리와 런던 등 서유럽 제국주의 국가들의 도시를 모방했다. 파리, 런던에는 구보와 같은 수많은 '도시 산책자'가 있었다. 도시 산책자flâneur라는 용어도 파리에서 생겨난 것이다.

전기는 밥이나 물과 같은 필수품이다

근대 체제의 축소판이었던 도시는 1930년대 우리 곁으로 다가왔다. 흔히 말하는 근대적 시간과 공간은 도시를 통해 구현된 것이다. 일제는 1921년부터 6월 10일을 '시간의 날'로 선포했다. 시간 엄수와 시간 절약을 강조하기 위한 캠페인이었다. 조선인들은 24시간으로 분할된 기계적 시간에 몸과 마음을 맞추며 시간에 매여 살기 시작했다. 또한 전차 같은 교통수단은 시간과 공간을 압축시켰다. 짧은 시간에 빠른 속도로 도시 공간을 바쁘게 왕래하는 도시인이 탄생했다. 이렇듯 서양의 근대 과학기술과 산업화는 도시라는 새로운 시공간을 창출했다. 우리가 지금 살고 있는 근대적 도시의 모델은 19세기 말, 서양 제국주의 국가들이 경쟁적으로 개최한 박람회에서 발견할 수 있다. 앞 장에서 살펴본 파리 만국박람회와 시카고 세계박람회, 일본의 내국권업박람회, 그리고 조선의 물산공진회는 근대 도시의 생활을 미리 체험할 수 있는 곳이었다.

"박람회장에서 근대 도시를 배우자!" 이러한 세계박람회의 목표는 꿈의 유토피아였다. 높이와 크기에서 압도적인 건축물들은 지금까지 볼 수 없었던 스펙터클한 공간을 연출했다. 전기와 철강기술 같은 새로운 과학기술은 놀라운 구경거리를 제공했다. 전차와 전화, 승강기, 에펠탑, 패리스 휠, 일루미네이션 등이 앞다투어 소개되었다. 박람회장에는 이러한 산업제품과 오락시설을 한눈에 볼 수 있도록 파노라마식으로 펼쳐놓았다. 박람회에 등장한 눈에 띄는 구경거리, 파노라마, 이벤트 등은 서서히 근대 도시의 일상생활 속으로 파고들었다. 특히 박람회의 진열방식은 백화점이라는 근대적 상점으로 발전했다. 백화점의 쇼윈도는 밝은 조명등 아래서 물품을 서로 비교할 수 있는 시각적 즐거움을 안겨 주었다. 박람회의 이벤트를 상설 전시하는 백화점은 도시에서 없어서는 안 될 명소로 자리잡았다. 아케이드와 상점들이 즐비하게 늘어선 번화가에는 광고탑의 네온사인이 휘황찬란했다. 거리거리마다 최신 유행상품들이 쏟아져 나왔고, 근대적 건축물들이 꿈의 궁전처럼 서 있었다. 파리, 동경, 경성 등 대도시 어디에서나 상품과 오락거리는 도시인의 욕망을 자극했다.

그런데 화려한 도시의 한복판 경성역 대합실에서 구보는 환멸감에 휩싸여 휘청거렸다. "황금광시대黃金狂時代. 저도 모를 사이에 구보의 입술은 무거운 한숨이 새어나왔다." 황금을 좇은 자들은 위선과 속물에 찌들었고, 그렇지 못한 이들은 가난에 허덕였다. 겉으로 번지르르한 도시는 돈과 사기꾼이 판을 치는 천박한 자본주의의 본거지였다. 일제에 의해 기획된 경성은 식민지 근대의 한계를 드러내는 곳이었다. 식민지 경영을 위해 짜깁기해 놓은 도시는 부조리와 모순으로 가득했다. 박태원은 『소설가 구보씨의 일일』 이후에 식민지 조선인의 삶으로 눈을 돌렸다. 1936년에서 1937년까지 『조광朝光』에 연재했던 『천변풍경』은 종로와 청계천변에서 생계를 유지하며 살아가는 조선인들을 그려냈다. 행랑살이, 기생, 카페 여급, 빨래터 아낙네, 연초공장 여공, 시골에서 상경한 젊은 아낙, 노름꾼, 금광 브로커, 인력거꾼, 군밤장수, 청요리 배달원, 화신백화점 점원 등은 이 소설의 주인공인 동시에 식민지 근대의 주인공이었다.

경성은 민족 차별과 계급 모순이 공존하는 두 얼굴의 도시였다. 일본인이 거주하는 남촌과 조선인이 거주하는 북촌이 판이하게 달랐다. 일제는 강제병합이 이뤄지기 전부터 경성의 남쪽에 근거지를 마련했다. 용산에 조선사령부를 주둔시키고 남산에 통감부를 설치했다. 그리고 남산 아래 진고개를 혼마치本町, 지금의 명동과 충무로라는 이름으로 바꾸고, 일본인 상가를 밀집시켰다. 이미 1901년에 진고개 일대에 600개의 민간 전등을 가설했다. 1912년에는 남대문로에 근대식 건축물인 조선은행을 건립하고, 남대문로를 조선 제일의 금융가로 만들었다. 1927년에는 미쓰이三井 재벌이 운영하는 미쓰코시三越 백화점(현 신세계 백화점)을 혼마치에 세우고, 잇달아 일본의 백화점들을 조선에 상륙시켰다. 남촌의 일본인 번화가는 그야말로 장관을 이뤘다. 조선인들은 백화점 쇼윈도의 다양한 상품과 형형색색의 네온사인 앞에서 넋을 잃고 길을 잃었다.

반면 경성 북촌의 전통 시가지는 1930년대에도 가로등

하나 없는 거리로 쇠락했다. 종로 거리는 차량의 가솔린 냄새와 지린내가 진동했고, 종묘와 광화문, 경희궁 등의 고적은 방치된 채 허물어져가고 있었다.『천변풍경』의 배경이 되었던 종로와 청계천변은 주거환경과 위생시설이 형편없었다. 경성의 한복판에는 백화점과 은행, 카페가 즐비했지만, 한 걸음만 안으로 들어가면 도시 빈민가가 나타났다. 하수구 시설이 없는 동네 골목에는 시궁창과 오물 냄새가 코를 찔렀다. 1930년 경성의 인구는 40만 명을 육박하고 있었다. 그중에서 조선인은 28만 명, 일본인은 10만 5,000명 정도를 차지하고 있었다. 1910년대에 20만 명이었던 것이 1930년대 40만 명을 넘어, 1940년대에는 100만 명에 이르게 되었다. 경성의 인구는 폭발적으로 증가했고, 이에 따른 주거와 교통 문제는 고스란히 조선인들이 떠안고 살고 있었다.

경성에 전차가 개설된 것은 1899년이었다. 대한제국 시절에 등장한 전차는 경성 시민의 발이 되기까지 30년이 지나야 했다. 경성의 전차노선은 일본인 거주지에 쏠려 있었고, 1923년에 처음으로 종로와 안국동에 노선이 생겼다. 그리고 1929년 조선박람회의 개최와 맞물려 드디어 북촌에 전차노선이 증설되었다. 1930년대에 이르면 전차는 대중교통 수단으로 조선인들에게 가까이 왔다. 경성의 인구 중에 거의 3분의 1에 해당하는 사람들이 전차를 이용하고 있었다. 그런데 경성의 전력사업을 독점하고 있던 경성전기주식회사는 이용자의 편의보다는 이윤의 극대화에만 매달렸다. 일한와사日韓瓦斯(가스)전기회사에서 이름을 바꾼 일본의 독점 대기업은 전차요금을 비롯해 전등, 가스 등의 가격을 일본보다 비싸게 공급했다. 또한 전차 승무원의 불친절, 만원 전차, 배차 지연, 잦은 고장, 교통사고 등이 다반사로 일어났다. 1931년에 조선인들은 조선총독부와 결탁한 경성전기의 횡포를 견디다 못해 전기 공영화운동에 나섰다.

"전기는 밥이나 물과 같은 필수품이다! 전기는 공공재다! 경성전기는 공공시설이라는 자기 본분을 망각하고 있다!" 조선인들은 경성전기를 "자본주의적 착취기관", "생활을 위협하는 폭군", "생명을 박탈하는 악마"라고 성토하며 전기요금 인하를 요구하고 전기 공영화를 추진했다. 그런데 일제의 식민지 지배 권력은 전기에 대한 조선인들의 높은 시민의식을 꺾어놓았다. 조선총독부는 전력통제정책을 내세워 공영화운동을 저지하고 나섰다. 1937년 중일전쟁이 발발하고 일제는 총동원체제에 돌입했다. 전력과 교통수단은 더욱 통제되었고, 늘어나는 경성 인구를 감당하기에는 역부족이었다. 전차는 "타는 곳이 아니라 매달리는 곳", "5전 내고 욕보는 곳"이 되었다. 교통난이 얼마나 극심한지 경성은 공공연히 교통지옥으로 불렸다. 『소설가 구보씨의 일일』에 나오는 전차의 도시적 낭만은 전쟁과 불황의 그늘에 파묻히고 말았다.[41]

전차의 일례에서 보는 것과 같이 1930년대 전기는 우리의 일상생활에 필수품이 되어갔다. 100년 전에 전기를 발견하고 실용화한 서양인들은 근대물질 문명의 신기원을 열었다. 산업혁명이 일어났던 18세기가 증기의 시대였다면 19세기는 전기의 시대가 되었다. 인류에게 새로운 불빛이 된 전기는 증기 기관을 대체하며 새로운 동력원으로 떠올랐고, 앞서 본 것처럼 근대 도시문화를 탄생시켰다. 이렇듯 전기기술은 눈부시게 발전해 '생산력과 문화로서의 과학기술'이 되었다. 그런데 19세기 제국주의의 시대에 전깃불빛은 온 세계를 골고루 비추지 않았다. 세계박람회에서 전기는 서양의 제국과 부를 과시하며 제국주의의 폭력과 식민지 지배를 은폐시켰다. 또한 근대 도시의 전기 불빛은 자본주의의 욕망을 끌어모으는 집어등이었다. 과연 이 시대의 조선인들은 서양의 전기 불빛이 내포하는 의미를 어느 정도 이해하고 있었을까? 전기의 원리에서부터 산업적 성공에 이르기까지 전기에 관한 사실은 왜곡된 것이 많았다. 예를 들어 조선에서 "20세기 문명의 은인"으로 추앙받았던 에디슨은 시장을 선점하기 위해 추악한 짓도 서슴지 않았던 발명가였다. 전기야말로 과학과 기술이 융합되면서 치열하게 특허전쟁이 일어났던 분야였다. 서양 제국주의와 자본주의의 총아였던 전기는 분명 시대적 산물이었다. 이러한 전기에 관한 모든 것을 우리의 관점에서 재구성해 보자.

2. 노동자 과학자, 패러데이

「마이클 패러데이」

'험프리 데이비'는 과학상에 상술함과 같은 위대한 공헌을 하였다. 그러나 그가 일찍이 웃으면서 말한 것처럼 그의 최대한 발견은 '패러데이'였다. '패러데이'는 그 스승 '데이비'보다는 위대하였던 것이다. 그는 대장장이의 아들로서 1791년 9월 22일 런던에 출생하여 12세에 서적상의 심부름꾼이 되었다.…전에 '외르스테드'가 철사를 통하여 전류에 의해 자석이 영향됨을 술述하였더니 지금으로부터는 '패러데이'는 일층 큰 발견을 한 것이었다. 즉 철사를 자석의 근거리에서 신속하게 동動하면 그 자석 때문에 이것이 대전帶電되는 일을 발견한 것이다.…그는 자석의 이극간二極間에 철사코일을 덮어 그것을 회전케하여 전류를 생生하는 '다이나모(발전기)'를 만든 것이다. 이

'다이나모'에 의하여 우리는 전신과 전화에의 전류를 얻을 수가 있다.[42]

전기는 무엇일까? 눈에 보이지 않는 전기는 온갖 상상을 불러일으키는 존재였다. 『서유견문』을 쓴 유길준은 전기를 처음 보고 "마귀의 힘으로 불이 켜진다고 생각"했다는데, 서양인들도 20세기까지 전기를 정확하게 알지 못했다. 고대 그리스의 과학자 탈레스가 정전기 현상에 주목했으니 전기는 꽤 오래전부터 알려진 것이었다. 유리나 호박에 천을 가져다 문지르면 서로 끌어당기는 정전기가 발생했다. 일상생활에서 쉽게 관찰할 수 있는 정전기 현상에 많은 사람이 호기심을 가졌다. 18세기에는 번개에서 자연현상이 만들어내는 정전기를 발견했고, 철사와 같은 금속에 전기가 흐른다는 것을 관찰했다. 이윽고 1800년 이탈리아의 알레산드로 볼타Alessandro Volta, 1745~1827는 구리와 아연 금속 막대를 이용해 '배터리'를 만들었다. 금속 막대를 산성 용액에 담그면 화학반응이 일어나면서 전기를 생성했다. 이때 전기는 보이지 않는 관 속에서 액체처럼 흐른다는 생각에서 볼타는 이를 '전류'라고 불렀다.

번개는 하늘을 가로지르는 거대한 정전기 충격이다. 번개로 인한 피해를 줄이기 위해 미국 과학자 벤저민 프랭클린Benjamin Franklin, 1706~1790은 피뢰침을 발명했다. 피뢰침의 원리는 전기의 핵심적인 성질을 이용한 것이다. 전기를 띤 물체들은 서로 끌어당기거나 밀어내는 현상이 일어난다는 것! 프랭클린은 각각에 반대되는 전기적 성질을 양전하·음전하로 나누고, 번개 속의 전하가 안전하게 땅으로 전달할 수 있도록 피뢰침을 설계했다. 이때 양전하와 음전하는 전기가 두 가지의 성질로 나뉜다는 것을 표현하기 위해 양(+)과 음(-)으로 구분한 것이다. 이렇게 자연적으로 발생하는 정전기는 물질 속에 있는 전기적 성질이 밖으로 나와서 서로 끌어당기고 밀쳐내는 현상을 일으킨 것이다.

정확하게 말하면 세상의 모든 물질은 전기적 성질을 지니고 있다. 모든 물질은 원자로 이뤄져 있고, 모든 원자는 서로 반대되는 전기적 성질을 띤 입자로 구성되었기 때문이다. 원자는 양전하를 띤 양성자와 음전하를 띤 전자로 되어 있다. 평소에 대부분의 물질은 양성자와 전자가 균형을 이뤄 전기적으로 중성이다. 그런데 유리에 비단을 문지르면 유리의 원자 속에 있는 전자가 떨어져 나가 유리는 양전하를 띠게 된다. 반대로 비단은 유리에서 떨어져 나간 전자가 붙어서 음전하를 띠게 되는 것이다. 유리와 비단은 각각 반대의 전기적 성질을 띠고 서로를 끌어당기게 되는데 이것이 정전기 현상이다. 결국 전기의 본질은 원자 속의 전자다. 원자 속의 전자들은 한 원자에서 다른 원자로 흘러 다닌다. 특히 금속과 같은 물질의 원자는 전자를 쉽게 내놓아 전기가 잘 통하는 '도체'로 알려졌다. 볼타의 전지도 금속에서 화학반응이 일어나 전자를 방출하고 전기를 흐르게 하는 것이다.

　　그런데 19세기에는 원자와 전자에 대해 알려진 것이 거의 없었다. 전자는 1897년 영국의 물리학자 톰슨J. J. Thomson, 1856~1940이 발견했고, 원자는 1905년 아인슈타인Albert Einstein, 1879~1955이 그 존재를 입증했다. 원자핵과 전자 등의 원자구조가 밝혀진 것은 1910년대가 넘어서였다. 원자와 전자에 대해 모르는 상황에서, 과연 전기의 실체를 어떻게 이해할 것인가? 일단 전기는 전류라는 개념에서 '흐르는 액체 입자'로 상상했다. 대부분의 물리학자는 뉴턴의 고전역학에 나오는 개념으로 전기를 이해하려고 들었다. 뉴턴이 지구가 중력을 방출한다고 상상했던 것처럼 전기가 눈에 보이지 않는 힘을 방출한다고 생각했다. 물리학자들은 뉴턴의 사고방식에서 벗어나지 못하고 있었다. 이러한 뉴턴의 아성에 도전장을 내고 전기의 실체에 접근한 과학자가 있었다.

　　영국의 물리학자 마이클 패러데이Michael Faraday, 1791~1867는 대장장이의 아들로 태어나 정규 과학교육을 받지 못했다. 앞의 『과학조선』(1933년 창간)에서 인용한 것과 같이 12세에 서점의 제본공이 되었다. 증기 기관의 시대에 일감을 잃은 대장장이와 그 가족들은 가난에 배를 곯았고, 그의 아들은 어린 나이에 노동자로 나설 수밖에 없었다. 다행히 서점 주인은 패러데이에게 남는 시간에 책을 읽어도 좋다는 친절을 베풀었다. 『브리태니커 백과사전』 같은 책을 맘껏 읽을 수 있었던 서점은 그에게 좋은 교육환경이었다.

19세가 되던 해, 패러데이는 아마추어 학회에 가입했다. 은세공업자이며 화학자인 존 테이텀John Tatum이 열었던 '시티 철학회City Philosophical Society'였다. 당시 영국 사회에서는 교양으로 과학을 배울 수 있는 아마추어 학회가 널리 퍼져 있었다. 거의 문맹자 수준이었던 패러데이는 이곳에서 글쓰기 훈련을 받았다. 매주 두 시간씩 꼬박 7년을 한 번도 빠지지 않고 수업을 들었고, 서점에서 번 돈으로 강연료를 마련해 열성적으로 강연에도 참석했다.

그러던 어느 날 뜻밖의 행운이 찾아왔다. 테이텀의 강연 내용을 기록한 공책이 서점의 단골 고객의 눈길을 끌었던 것이다. 패러데이의 아름다운 공책을 본 고객은 영국 왕립과학연구소의 공짜표를 주었다. 1813년 당시 최고의 과학자였던 험프리 데이비Humphry Davy, 1778~1829의 강연을 들을 수 있는 꿈 같은 기회를 얻게 된 것이다. 이 기회를 놓칠 수 없었던 패러데이는 데이비를 찾아가 그의 실험 조수가 되었다. 우여곡절 끝에 1815년 왕립과학연구소의 정식 연구조수로 고용되었고, 관사와 실험실도 제공 받았다. 그가 그토록 원하는 과학 연구를 맘껏 할 수 있게 된 것이었다. 왕립과학연구소는 패러데이가 40여 년 동안 연구에 전념할 수 있는 공간과 시설을 마련해 주었고, 이곳에서 전자기학의 새로운 역사가 시작되었다.

먼저 패러데이가 주목했던 연구는 1820년 덴마크의 과학자 한스 외르스테드Hans Oersted, 1777~1851의 실험결과였다. 나침반의 자침을 전선과 평행하게 놓고 전류를 흘려보냈더니 나침반의 자침이 움직여 전선과 직각을 이루었다는 것이다. 전기와 자기는 서로 영향을 미치고 있었다. 그때까지 전기와 자기는 별개의 현상으로 알려져 있었다. 정전기를 일으킨 유리가 비단을 끌어당기는 것과 자석이 못을 끌어당기는 것은 서로 다른 현상으로 보였다.

그런데 전기는 나침반의 자침을 움직이고 스스로 자석이 되기도 했다. 프랑스의 과학자 앙페르Andre Maric Ampre, 1775~1836는 두 개의 전선이 자석처럼 서로 끌어당기고 밀어내는 것을 확인했다. 전선 두 개를 나란히 놓고 전류를 통과시켜 보았는데, 전류가 같은 방향으로 흐르면 두 전선은 서로 끌어당기고 전류가 다른 방향이면 서로를 밀어냈다. 또한 전선을 나선모양으로 둘둘 감은 전기 코일은 전기로 만든 자석, 전자석이 되었다. 코일을 많이 감은 전자석은 자기력이 더욱 강해져 강철판도 들어올렸다.

패러데이는 직관적으로 전기와 자기가 하나의 힘이라고 생각했다. 전기가 자기력을 만든다면 자석 또한 전기를 만들 수 있지 않을까? 외르스테드의 실험이 알려진 후 패러데이는 자석으로 전기를 만드는 실험에 10년을 매달렸다. 드디어 1831년, 전기가 흐르지 않는 코일에 자석을 넣었다 뺐다 하면서 전기가 발생하는 것을 발견했다. 여기에서 중요한 것은 전선 코일과 자석을 움직여야 한다는 것이다. 이 둘이 정지하고 있을 때는 전기가 발생하지 않고, 이 둘이 서로를 향해 다가가거나 멀어져갈 때 전기가 발생했다. 움직이는 자석이 전기를 만들었다! 패러데이가 발견한 전자기 유도현상은 단순한 듯하지만 엄청난 의미를 갖는 것이었다. 당시는 실험실에서 전기를 만들기 위해 모피를 문지르거나 볼타 전지를 이용하고 있을 때였다. 패러데이는 전자기 유도현상을 이용해 값싸게 많은 전기를 공급할 수 있는 발전기를 발명했다. 두 개의 자석 사이에 코일을 넣고 회전시키면 자기장의 변화가 전기를 유도하는 발전기가 되었다. 전자석과 발전기의 등장은 20세기 산업의 역사를 바꾸는 일이었다.

그렇다면 과학적으로 전자기 유도현상을 어떻게 설명할 것인가? 전기가 전자석이 되어서 강철판까지 들어 올리는데, 그 힘은 어떻게 작용하는 것일까? 패러데이는 뉴턴이 말한 중력과 같은 힘으로는 전자기를 설명할 수 없다고 판단했다. 중력은 텅 빈 공간에서 어떤 매개도 없이 즉각적으로 전달되는 힘이었다. 흔히 원격 작용하는 힘이라고 하는데, 뉴턴도 이러한 중력의 정체에 대해 회의를 품고 있었다. 힘을 수학적으로 나타냈을 뿐이고, 그 힘이 어떻게 작용하는지는 자신도 모른다고 솔직히 고백했다. 그런데 물리학자들은 뉴턴의 고전역학을 기정사실로 받아들였다. 텅 빈 공간에서 즉각적으로 힘을 주고받는 게 이상하다는 것을 의심하지 않았다. 하지만 뉴턴의 고전역학을 공부한 적 없었던 패러데이의 눈에는 잘못된 것이 보였다. 먼저 패러데이는 전기를 '흐르는 액체 입자'로 보는 낡은 개념을 버렸다. 그리고 입자, 텅 빈 공간, 즉각적 힘과 같은 마술적인 생각을 버리고 물리적 실체에 다가섰다.

패러데이는 막대자석 위에 뿌려진 철가루의 모양에 주목했다. 막대자석을 중심으로 철가루는 특정한 곡선을 그리면서 줄무늬를 만들었다. 철가루 한 알 한 알은 북극과 남극이 있는 소형 자석으로 행동하며 특정한 방향을 향해 늘어섰다. 막대자석의 힘은 그 곡선을 따라 철가루에서 철가루로 옮겨가는 것처럼 보였다. 패러데이는 철가루를 다 치워버려도 막대자석의 힘이 여전히 존재한다는 것을 깨달았다. 그의 머릿속에는 자석의 힘이 눈에 보이지 않는 힘의 선(역선)을 따라 전달되는 것이 그려졌다. 전기와 자기 주변에는 힘의 선이 촘촘히 연결된 힘의 장field이 펼쳐져 있다! 그리고 힘의 선은 물리적 실체다!

패러데이는 직관적으로 전자기 유도현상이 힘의 장에서 파동의 형태로 전파된다고 생각했다. 전선에 전기를 흘려보낼 때 그 옆에 놓인 나침반의 자침을 움직이는 것은 힘의 장이 있기 때문에 가능한 일이다. 어떻게 전선 안에 있는 전기력이 밖으로 빠져나와 자침을 움직일 수 있겠는가? 전기 주변에 만들어진 전기장이 자석이 움직이도록 힘을 작용한 것이다. 패러데이는 물체가 직접 힘을 주고받는 것이 아니고 물체 주변에 형성된 힘의 장으로부터 간접적으로 힘이 전달된다고 생각했던 것이다.

힘의 장은 물리학에서 굉장히 혁명적인 개념이다. 뉴턴의 입자(알갱이)를 장(마당) 이론으로 바꾼 것이다. 1969년 처음으로 '블랙홀'이라는 용어를 만들어 냈으며 상대론과 우주론 분야에서 뛰어난 업적을 지닌 미국의 물리학자 휠러J. Wheeler, 1911~2008는 "물리를 잘 모를 때는 '모든 것이 알갱이'라고 생각했는데, 물리를 좀 알게 되자 알갱이가 아니라 '모든 것이 마당'이라고 생각하게 되었"다고 말했다.[43] 패러데이는 뉴턴의 텅 빈 공간을 매질이 있는 공간으로 바꾸고, 즉각적이고 직접적으로 작용하는 힘을 시간이 걸리고 간접적으로 작용하는 힘으로 대체했다. 전기와 자기는 그 주변에 진동하는 전기장과 자기장을 형성하고, 이것을 매질로 힘을 전달하면서 퍼져나가는 것으로 파악했다. 한마디로 전기와 자기는 입자가 아니라 파동이라는 것이다. 예를 들어 전화를 한다고 할 때, 전자는 파동의 형태로 힘을 전달하는 것이다. 전화기 속의 전자가 굴러가 전화를 받는 이의 수화기에 도달하는 것이 아니라 패러데이의 힘의 장을 통해 전자가 수화기 주변에 이미 대기하고 있던 전자들을 흔들어 깨우는 것이다. 우리는 순식간에 전달되는 전자의 진동으로 전화 통화를 하는 것이다.

패러데이는 힘의 장이라는 개념과 자기력선·자기장 같은 용어를 처음으로 사용했다. 이론적 사색과 실험 결과가 빼곡한 그의 공책에 수학 기호는 하나도 등장하지 않는다. 수학적 훈련을 받지 못한 불리한 조건은 오히려 뉴턴의 과학을 뛰어넘어 힘의 장을 상상할 수 있게 했다. 겸손하고 품위 있었던 패러데이는 왕립과학연구소 금요 강연의 인기 강사로 유명했다. 어린이를 무척 좋아해서 매년 크리스마스 때마다 어린이 강좌를 만들었는데, 이 강좌는 오늘날까지 전통을 이어오고 있다. 노동자 계급 출신의 멍에를 벗고 대중과 소통하기 위해 피나는 노력을 한 결과였다. 그러나 영국의 기성 학계는 패러데이를 불신했다. 패러데이는 남의 연구를 표절했다는 시비에 자주 휘말렸고, 단순히 실험만 하는 물리학자나 몽상적 사색가로 취급받았다. 특히 수학적 설명이 없는 그의 장 이론은 물리학자들 사이에서 외면당하는 신세였다.

맥스웰, 방정식으로 전자기파를 나타내다

1856년 어느 날 패러데이는 자신의 이름이 나온 논문 한 편을 배달받았다. 「패러데이의 힘의 선에 관하여On Faraday's Lines of Force」라는 제목의 논문이었다. 케임브리지 대학을 막 졸업한

25세의 맥스웰James Clerk Maxwell, 1831~1879이라는 물리학자가 보낸 것이었다. 이 논문은 패러데이의 약점이었던 수학으로 전자기 유도현상을 설명하고 있었다. 논문의 저자 맥스웰은 전자기 유도현상을 발견한 1831년에 태어난 젊은 물리학자였다. 패러데이는 25년 만에 힘의 장 이론을 진지하게 탐구하는 과학자를 만나게 된 것이다. 맥스웰은 스코틀랜드 에든버러의 지주계급 출신이었으며, 에든버러 대학을 마치고 케임브리지 대학에서 수학한 과학 엘리트였다. 그는 별로 주목받지 못했던 장 이론의 의미를 알아봤다. 패러데이의 힘의 선을 셀 수 있는 물리량으로 만들어 힘의 장을 수학적 법칙으로 이론화하려는 목표를 세우고 있었다. 이렇게 쓰인 첫 번째 논문은 66세의 패러데이를 크게 감동시켰다.

"자네의 논문을 받았네. 정말 고맙네. '역선'에 관한 자네의 주장 때문에 고맙다는 것이 아닐세. 자네가 그런 말을 한 것이 철학적 진리를 위해서임을 나도 알고 있으니. 정말 고마운 논문일세. 그 논문 덕분에 기운이 나서 생각을 계속할 수 있을 것 같네."44 이렇게 전자기학의 두 거장이 만났다. 이후 두 사람은 꾸준히 편지를 주고받았다. 맥스웰은 1860년 런던 킹스 칼리지의 교수로 부임하면서 패러데이의 금요 강연에 참석하기도 했다. 맥스웰은 패러데이의 장 이론이 전자기의 진정한 본질을 설명하고 있다고 확신했다. 그의 야심찬 목표는 1865년「전자기장에 대한 동역학적 이론A Dynamical Theory of the Electromagnetic Field」에서 달성되었다. 전자기를 수학적으로 나타낸 그 유명한 맥스웰의 네 가지 방정식이 탄생한 것이다. 그런데 물리학자들은 이 방정식이 내포하는 의미조차 이해하지 못했고 패러데이는 자신이 장 이론의 창시자로서 이름을 남길 것이라는 사실을 모른 채 1867년 75세의 나이로 세상을 떠났다.

맥스웰의 네 가지 방정식은 새로운 장 이론이라는 패러다임을 담아낸 공식이었다. 맥스웰은 장이라는 개념을 표현하기 위해 뉴턴 식의 수학을 버리고, 벡터 미분이라는 새로운 수학적 방법을 채택했다. 패러데이가 생각한 힘의 장은 전기와 자기의 효과가 전달되는 데 시간이 걸리는 공간이었다. 맥스웰은 자기장의 시간적 변화가 전기장을 만든다는 패러데이의 전자기 유도현상을 수학적으로 표현하기 위해 심혈을 기울였다. 이렇게 만들어낸 방정식은 전자기장의 복잡한 변화를 그려냈을 뿐만 아니라 놀라운 의미까지 숨어 있었다. 맥스웰의 방정식을 풀어보면 전형적인 파동 방정식이 나타났다. 방정식은 그때까지 알려지지 않았던 어떤 것의 존재를 말하고 있었다. 바로 전자기의 물리적 실체가 파동이라는 사실이다. 맥스웰은 수학적 방정식으로 전자기파의 존재를 예언했던 것이다.

또 하나, 맥스웰의 방정식은 더 놀라운 사실을 나타냈다. 전자기 효과가 전달되는 시간과 속도를 계산해보았더니 방정식에서 도출된 전자기파의 속도는 피조Armand Fizeau, 1819~1896

가 측정한 빛의 속도와 완전히 일치했다.[45] "이 결과가 일치한다는 것은 빛과 자기가 같은 물질의 작용이라는 것과 함께 빛이 전자기 법칙을 따라 장을 통해 전파되는 전자기파라는 것을 보여 주는 듯하다."[46] 이러한 맥스웰의 말 그대로 빛은 전자기파였다! 빛은 소리처럼 물질이 떨리는 역학적 파동이 아니었다. 빛은 전기장이 변화해 자기장을 낳고 자기장이 또다시 전기장의 변화를 낳는 과정을 반복하여 공간 내에서 전파해 가는 전자기적 파동이었던 것이다. 이렇게 빛과 전기, 자기는 맥스웰의 전자기학에서 하나로 통합되었다.

맥스웰의 방정식이 발표되었을 당시, 안타깝게도 이를 이해하는 물리학자는 거의 없었다. 수학적 벡터장은 너무 어려웠고, 그의 주장을 받쳐 줄 만한 실험적 증거도 없었기 때문이다. 1879년 맥스웰이 48세라는 젊은 나이에 숨을 거둘 때까지 몇몇 추종자들만 그의 이론을 믿었다. 물리학자 대부분은 전자기파의 존재를 인정하지 않았고, 전자기 현상을 원격 작용하는 힘으로 설명하고 있었다. 1890년대에 유럽의 대학에서는 패러데이와 맥스웰의 이론을 가르치지도 않았다. 취리히 공과대학을 다닌 아인슈타인도 독학으로 전자기학을 깨우쳤다고 한다. 이러한 맥스웰의 이론이 점차 인정받게 된 것은 1887년 독일의 헤르츠Heinrich Hertz, 1857~1894가 전자기파 실험에 성공하면서였다. 헤르츠는 진동하는 전기불꽃으로 전자기파를 만들어 냈다. 그리고 수신기에서 방출된 전자기파가 공간을 가로질러 송신기로 전달되는 것을 확인했다. 전기 불꽃은 전선 없이 빛의 속도로 공기 속을 이동했던 것이다! 헤르츠는 맥스웰의 이론을 실험적으로 입증했고, 무선 전자기파의 존재를 극적으로 보여 주었다.

3. 에디슨은 발명왕인가, 사기꾼인가?

전자기학, 과학과 기술을 융합시키다

19세기의 전기는 과학과 기술의 관계에 변화를 일으켰다. 역사적으로 과학과 기술은 분리되어 왔다. 과학은 '자연철학자'라는 학자들이 자연을 탐구했던 학문 분야였고, 기술은 장인과 기술자 등 사회적으로 신분이 낮은 사람들이 실용적인 도구를 만드는 분야로 인식되었다. 17세기 과학혁명, 18세기 산업혁명이 일어나면서 과학과 기술은 조금씩 거리를 좁혀갔다. 그렇지만 과학적 지식이 기술에 직접적으로 응용되지는 못했다. 제임스 와트의 증기 기관에서 볼 수 있듯 산업혁명을 일으킨 기계들은 기술자들이 오랜 숙련과 경험을 바탕으로 만들어진 것이다. 그런데 전기의 등장은 새로운 과학과 기술의 관계를 출현시켰다. 전기의 과학적 지식은 단순했고 쉽게 응용될 수 있었다. 패러데이와 맥스웰의 장 이론을 모르더라도 전기와 자기가 서로 영향을 미치면서 힘을 만든다는 것은 누구나 이해할 수 있었기 때문이다.

모스 부호로 잘 알려진 새뮤얼 모스Samuel Morse, 1791~1872는 원래 그림을 그리는 화가였다. 미국에서 예일 대학을 나온 그는 유럽에서 그림 공부를 하고 있었다. 1832년 뉴욕으로 가는 증기선에서 우연히 아마추어 전기학자를 만난 뒤 인생이 바뀌게 되었다. 선상에서 모스의 눈길을 끈 것은 전자석 실험이었다. 전선을 감아 만든 전기 코일은 자기력을 만들어내는 전자석이 되는데, 이것은 자석이 할 수 없는 일을 했다. 전자석은 스위치를 이용해 전류를 통하고 끊을 수 있었고, 이때마다 자기력이 생겼다 없어지는 일을 반복할 수 있었다. 여기에서 모스는 전자석으로 신호를 보내는 아이디어를 떠올렸다. 송신기에는 스위치를 작동해 전류를 흘려보내고, 수신기에는 철판에 자석을 달았다. 전류가 짧게 통하면 자석 달린 연필은 종이테이프에 작은 점을 찍고, 스위치를 오래 누르면 짧은 실선dash을 그렸다. 전류가 끊어지면 제자리로 돌아왔다.

이렇게 모스는 전신기에 대한 아이디어와 독창적인 부호를 구상했다. 점과 실선, 두 가지의 부호만으로 알파벳과 숫자를 모두 표시할 수 있는 모스 부호가 탄생했다. 그 유명한 국제 구조요청 신호인 SOS는 '··· - - - ···'이다. 그런데 혼자만의 아이디어로 전신기가 발명되는 것은 아니었다. 전신기의 발명과 사업화는 수많은 난관에 부딪혔고 조력자를 필요로 했다. 먼저 과학적 능력이 없었던 모스는 전신기 작동 모형을 만들기 위해 뉴욕 대학의 화학과 교수 게일Leonard Gale과 프린스턴 대학의 자연철학과 교수 헨리Joseph Henry의 도움을 받았다. 1837년에 모스는 전신기에 대한 특허를 획득하고 연이어 상업화를 추진했다. 이때 두 번째 조력자는 주물공장을 운영하던 베일Alfred Vail이었다. 베일의 자금과 공장 덕분에 모스의 전신기가 시판되었고, 1843년에 의회를 설득하는 데 성공해 정부 투자를 받을 수 있었다. 이듬해에는 워싱턴과 볼티모어를 잇는 미국 최초의 전신선로가 개설되었다.

역사적인 전신선이 개통되자, 더 많은 선로를 부설하기 위해 수십 개의 회사들이 전신사업에 뛰어들었다. 모스는 1845년에 자기전신회사Magnetic Telegraph Company를 설립하고 법률고문으로 켄달Amos Kendall을 등용했다. 세 번째 조력자로 활약했던 켄달은 모스의 특허에 대한 사용 허가 문제를 도맡아 처리했다. 아침에 눈을 뜨고 나면 전신회사가 설립될 정도로 전신사업은 나날이 번창했다. 전신사업은 최초의 아이디어를 얻은 후부터 전신기의 발명에서 사업화까지 수많은 사람의 협력을 통해 이뤄졌다. 이 과정에서 발명가의 권리를 제도적으로 보호해 주는 특허문제는 민감한 사안이었다. 특허사용료로 큰돈을 번 모스는 자신의 특허권을 지키기 위해 1848년부터 1854년까지 치열한 법정공방을 벌였다. 그중에서 과학적 지식을 제공해준 헨리와의 소송을 눈여겨볼 필요가 있다.

나중에 스미스소니언 연구소의 소장이 된 헨리는 전자석에 관련된 과학적 원리를 발견한 유명한 과학자였다. 그는 장거리 신호전송을 가능하게 한 배터리-전자석 조합 원리를 모스의 전신기에 사용할 수 있도록 도움을 주었으며 이에 대한 권리를 주장했다. 전신의 진정한 발명가는 누구인가? 헨리인가, 모스인가? 다시 말해 전신의 과학적 원리를 제공한 사람의 것인가? 아니면 전신 작동모형을 설계하고 만든 사람의 것인가? 법정에서 모스는 특허를 잃을까 두려워 끝까지 헨리의 공헌을 인정하지 않았다. 하지만 과학사학자들은 헨리의 과학적 원리가 중요한 기여를 했다고 보고 있다. 이러한 전신기의 발명을 둘러싼 논란은 영국에서도 있었다. 미국의 모스와 같은 시기에 영국의 런던 킹스칼리지의 자연철학과 교수였던 휘트스톤Charles Wheatstone과 쿡William F. Cooke도 전신기에 대한 특허를 받았다. 이 둘도 법정소송까지 갔는데, 법원 중재자는 휘트스톤을 '과학적 발견자', 쿡을 '기술적 발명가'라고 판결했다. 실제로 과학적 발견과 기술적 발명은 구분하기 어려운 애매모호한 규정이었다. 이렇게 과학과 기술의 경계를 분명히 알 수 없을 만큼 과학과 기술은 서로 가까워지고 있었다.

　　전신기 발명에서 출발한 전신사업은 전신 기술시스템으로 확장되었다. 1850년대와 1860년대에 세계는 거미줄처럼 얽힌 전신망으로 뒤덮이기 시작했다. 전신 케이블이라는 물리적 네트워크는 세계를 하나로 연결하는 진정한 네트워크를 구축했다. 물론 서유럽과 북미 대륙의 제국주의 국가들이 주도하는 통신혁명이었다. 1854년에는 런던과 파리를 연결하는 전신선이 가설되었다. 뉴욕의 부유한 사업가 필드Cyrus W. Field는 거대기업인 미국전신회사American Telegraph Company를 설립하고 대서양 횡단 전신선을 건설했다. 여러 차례의 시도 끝에 1866년 완공되었는데, 대서양 바닷물 속에 지구를 열세 바퀴 감을 수 있는 해저 케이블을 집어넣는 모험이었다. 필드는 과감하게 이를 실행함으로써 대서양을 가로지르는 모든 전신 서비스를 독점할 수 있는 보상을 얻었다. 이러한 보상 때문에 많은 사업자들이 이 사업에 뛰어들었고, 전신 시스템이 세계 곳곳에 건설되었다.

특히 제국주의 국가들은 식민지 쟁탈전에 전신을 이용했다. 1855년에 러시아와 영국, 프랑스, 터키의 연합군이 벌였던 크림전쟁은 최초로 전신기술이 이용된 전쟁이었다. 그 이후에 전신은 전쟁에서 필수적인 통신수단이자 첨단 무기로 활용되었다. 제국주의 국가들은 침투하는 곳마다 전신 케이블을 설치했다. 1857년 인도에서 세포이 항쟁이 일어났을 때, 영국군은 인도 내부의 전신망을 통해 불과 1년 여 만에 반란군을 조직적으로 진압했다. 인도의 저항군 주모자는 사형장으로 끌려가면서 "우리의 목을 조르는 것은 바로 저 저주받을 전선이로구나!" 하며 한탄했다고 한다. 1858년 영국은 인도를 점령하자마자 영국과 인도를 잇는 전신선 공사부터 시작했다. 전신사업은 정치적으로 식민지를 지배하기 위한 네트워크였다. 또한 경제적 수탈을 통해 다국적 기업들이 성장하는 데도 중요한 토대가 되었다. 유럽과 북미 대륙에서 폭발적으로 발전한 전신 시스템은 자본주의의 산업화와 세계화 전략에 크게 기여했다.

전신 다음으로 주목받은 것은 전등이었다. 전신 시스템은 전기 사업을 활성화시키는 데 좋은 본보기가 되었다. 그런데 전등은 전신보다 훨씬 복잡한 기술이었다. 전등의 발명만으로는 집집마다 전등을 켤 수는 없었다. 전등불을 밝히기 위해서는 전기를 발전시키고 공급하는 시스템을 갖춰야 하기 때문이다. 당시 집에서 쓰던 가스등은 불빛이 희미하고 가격이 비쌌다. 그리고 아크등은 전선 사이의 간극에서 일어나는 스파크로 빛을 냈는데, 스파크의 불꽃이 다른 곳으로 쉽게 옮겨붙어서 매우 위험했다. 발명가들은 유리공 모양의 전구에 두 전선을 연결하는 가는 금속선(필라멘트)에서 빛이 나오는 백열등을 생각했다. 백열incandescent은 '열기로 빛을 낸다'라는 뜻에서 나온 말이다. 1870년대에 이르러 발명가들은 새로운 백열등을 개발하기 위해 치열한 경쟁을 벌였다. 백열등과 이에 관련된 전기 시스템은 전세계적으로 주목받는 새로운 과학기술이었다. "전등에서 노다지를 캘 것"이라고 그 누구보다도 전등에 야심을 품었던 발명가가 있었는데, 바로 토머스 에디슨Thomas Edison, 1847~1931이었다.

「사진은 전등의 발명자 에디슨」

금일 10월 21일은 전등 발명 54주년 기념일이다.

암흑한 세계에 광명을 주어 캄캄한 밤을 낮과 같이 밝혀

주는 그 전등이 우리 인류에게 기여한 공헌이 얼마나 큰

가? 47

어린 시절의 에디슨은 호기심이 왕성했으나 틀에 박힌 정규교육에 잘 적응하지 못했다. 오늘날 교육심리학에서는 그가 주의력 결핍 과잉행동장애attention-deficient/hyperactivity disorder, ADHD 아동이었다고 진단하고 있다. 초등학교를 중퇴한 그는 집에서 어머니의 보살핌을 받고 과학에 관심에 갖게 되었다. 그런데 한창 번창하던 아버지의 사업이 실패하자 16세의 에디슨은 집을 떠나 견습 전신기술자가 되었다. 당시 미국 최대의 전신회사였던 웨스턴 유니언 전신Western Union Telegraph의 수석 기사로 일하며 전신장비들을 발명했다. 스무 살의 성인이 된 에디슨은 자신이 발명해낸 제품들로 이미 명성과 부를 쌓아갔다. 1876년 필라델피아 박람회에서 알렉산더 벨Alexander G. Bell, 1847~1922의 전화기가 소개되었을 때, 에디슨은 벨의 모델을 개선해 몇 가지 핵심 특허를 받았다. 벨과 그의 후원자들은 특허 침해라고 격분했지만, 에디슨은 이 특허로 큰돈을 벌고

연구소를 차릴 수 있었다.

1876년 말 뉴저지 주 멘로파크에 에디슨 연구소가 세워 졌다. 에디슨은 이곳을 '발명 공장'으로 부르며, "열흘에 한 건씩 간단한 발명, 6개월에 한 건씩 굉장한 발명"을 할 것이고 장담했다. 개인적 발명의 한계를 뛰어넘어 조직적으로 발명 품들을 쏟아낼 작정이었던 것이다. 에디슨의 연구소는 과학 기술도서실, 화학실험실, 전기시험시설, 기계공작실, 유리공 작실 등을 갖추고 있었다. 또한 유럽의 대학에서 전문교육을 받고 돌아온 물리학자를 비롯해 에디슨이 요구하는 모델 장 비라면 뭐든지 만들어 내는 모형 제작자와 숙련된 기계공들 이 포진하고 있었다. 발명가이면서 사업적으로 수완이 뛰어 났던 에디슨은 동물적 감각으로 연구소의 조직을 끌고 나갔 다. 무엇보다도 그의 관심은 돈벌이가 되는 상업적 성공이었 다. 에디슨은 남의 아이디어를 가져다가 상품성 있는 발명품 을 만들어 내는 데 천부적 재능이 있었고, 그다지 양심에 걸려 하지도 않았다. "산업과 상업에서는 누구나 남의 것을 훔치기 마련이다. 나 자신도 많은 것을 훔치면서 살아왔다. 하지만 난 어떻게 훔치면 좋은지 방법을 알고 있다"라고 뻔뻔하게 말하 곤 했다.[48]

백열등 개발은 그야말로 치열한 전쟁터였다. 에디슨은 1877년 월리스William Wallace와 파머Moses Farmer가 발명한 새로 운 백열등을 보았다. 초기 단계의 백열등은 많은 양의 전류를 소모하는 데다 필라멘트의 수명도 짧았다. 에디슨은 직감적으로 필라멘트가 관건임을 알아챘다. 필라멘트, 그다음 문제는 돈이었다. 백열등을 개발하기 위해서는 큰돈이 필요했다. 1878년 가을 에디슨은 기자회견을 열고 백열등에서 전력을 공급하는 발전기까지 모든 것을 1년 내에 완성하겠다고 큰소리쳤다. 그는 전기 시스템에 관한 종합적인 계획을 세우고 용의주도하게 문제를 해결해 나갔다. 기자회견 직후 신문 톱기사로 에디슨의 청사진이 공개되었다. 백열등은 일반 가정뿐 아니라 공공의 용도로 광범위하게 사용될 것이며 초기의 소규모 투자로 큰 수익을 올리게 될 것이라는 장밋빛 전망이었다. 이렇게 투자자들을 끌어 모으는 데 성공한 에디슨은 1878년 10월 에디슨전등회사Edison Electric Light Company를 설립했다.

약속대로 1년이 지난 1879년에 백열등이 발명되었다. 에디슨과 그의 연구진은 가장 적절한 필라멘트의 재료를 찾는 데 많은 시간을 보냈다. 그리고 필라멘트가 빨리 타 버리는 것을 막기 위해 전구 속의 산소를 없애고 진공상태로 만드느라 애를 먹었다. 그뿐만이 아니었다. 에디슨은 백열등의 상업적 이익을 꼼꼼히 분석했다. 4만 페이지가 넘는 노트에 가스등과 백열등의 수익을 비교하고 시장성을 검토했다. 백열등의 원가에서 전력 소모량, 구리전선의 비용까지 철저하게 계산했다. 이렇게 탄생한 백열등은 1879년 12월 31일, 멘로파크 연구소의 송년파티에서 깜짝 공개되었다. 에디슨은 투자자들과 취재진을 멘로파크 역까지 특별기차로 초대했다. 역에 도착하는 순간, 모두들 길가에 늘어선 백열등 불빛에 감탄할 수밖에 없었다. 그해 에디슨의 나이는 서른둘에 불과했고, 사람들은 젊은 에디슨을 보고 또 한 번 놀랐다. 그날 『뉴욕헤럴드』지에 다음과 같은 기사가 실렸다.

에디슨의 실험실이 오늘밤 일반에게 공개되어 전깃불의 시연이 있었다. 동부 각지와 서부에서 임시열차가 운행되었으며, 비바람이 몰아치는 날씨에도 불구하고 수백 명의 사람들이 실험실로 모여들었다. 실험실에는 25개의 전등이 밝게 빛을 내고 있었고, 사무실과 집무실에 8개, 그리고 다른 20개의 전구가 정거장으로 가는 길과 주위 집들에 분산되어 설치되었다. 에디슨과 그의 조수가 전반적으로 자세한 설명을 한 뒤 전등의 성능에 대한 여러 가지 실험이 이어졌다. 발명자가 물을 가득 채운 유리통 속에 전구를 넣고 스위치를 올리자, 전구 속에 작은 편자형 필라멘트가 공기 중에서와 똑같이 밝고 안정된 빛을 내기 시작했다. 물은 전등 불빛에 어떤 영향을 미치지 않았다. 또 다른 실험에서는 아주 빠른 속도로 일반 가정에서 30여년 간 사용하는 것과 같은 숫자의 점등을 반복했는데, 실험 후에 밝기나 안정성, 그리고 내구성 면에서 어떠한 차이도 발견할 수 없었다.

백열등은 첫 번째로 쏘아올린 대포였다. 에디슨은 두 번째, 세 번째 대포를 장전했다. 백열등의 깜짝쇼로 투자자들의 마음을 사로잡은 그는 1880년에 에디슨 조명회사Edison Illuminating Company를 설립했다. 이 회사는 소비자에게 전기 서비스를 제공할 최초의 중앙발전소를 건설하기 위한 것이었다. 또한 에디슨 기계제작소Edison Machine Works와 에디슨 전기튜브사Edison Electric Tube Company, 에디슨 전등제작소Edison Lamp Works 등도 속속 세워졌다. 드디어 1882년 뉴욕 펄 가Pearl Street에 중앙발전소의 문을 열었다. 이곳에서는 에디슨 기계제작소에서 만든 발전기와 에디슨 전기튜브사에서 만든 송전선을 사용했다. 이 외에 발전과 송전, 배전의 전력 시스템에 필요한 계량기, 전구 소켓, 스위치, 퓨즈도 자체적으로 발명·제작했다. 마침내 값싸고 편리한 전기 서비스를 제공하는 거대한 전기 시스템, '에디슨 제국'이 건설된 것이다. 이러한 에디슨 제국의 회사들은 에디슨 제너럴 일렉트릭Edison General Electric으로 통합되었고, 1892년에는 다시 톰슨 휴스턴사Thomson-Houston와 합병해 제너럴 일렉트릭General Electric이라는 공룡 대기업이 탄생했다.

백열등의 발명은 위대한 성취였다. 에디슨은 하나의 사업이 아니라 전기 산업을 건설했다. 우리가 흔히 알고 있는 것처럼 백열등은 단순한 시행착오를 반복하면서 발명된 것이 아니다. 발명하기 이전에 전기 시스템에 관한 청사진을 가지고 발명이 기술혁신으로 이어지도록 추진한 것이다. 이러한 에디슨의 목표는 불과 몇 달 만에 달성되었다. 기업가들은 새로운 공공 전기 공급 시대가 열린 것을 감지했다. 미국뿐만 아니라 세계 곳곳에 발전소를 건설하기 위해 에디슨의 특허를 사들였다. 이렇게 하나의 시스템으로 설계된 전기 네트워크는 빠르게 성장해 나갔다. 그런데 세계를 아우르는 에디슨 제국의 건설을 눈앞에 두고 전류전쟁이 터졌다. 미국으로 이민온 세르비아의 물리학자 니콜라 테슬라Nikola Tesla, 1856~1943가 1888년에 에디슨의 직류 발전기에 대항해 교류 발전기를 발명했던 것이다.

전류전쟁과 전기사형의자

앞서 패러데이는 전자기 유도법칙으로 발전기를 만들었다. 즉 움직이는 자석이 전기를 만들어내는 것을 이용해 두 개의 자석 사이에 전기 코일을 회전시켜서 전기를 생산한 것이다. 이때 전기 코일에 전류를 연속적으로 흘려보내면 직류발전기, 전류의 방향을 바꾸면 교류 발전기가 된다. 직류 발전기는 교류 발전기에 비해 훨씬 만들기가 쉽다. 그래서 에디슨도 직류 발전기를 사용했지만, 직류 발전기는 전류를 전달하는 과정, 즉 송전과 배전에 문제가 있었다. 전기가 공급되는 과정을 살펴보면, 좁은 관에 전기를 흘려보낼 때 전기의 양은 전류, 전기가 뿜어내는 힘은 전압이라고 한다. 발전소에서 생산된 전기가 집집마다 전달되기 위해서는 충분한 전류의 양와 높은 전압의 힘이 필요했다. 더욱이 전압이 높아야 중간 과정에서 누출되는 전기의 양도 현저하게 줄어든다. 그런데 직류 발전기는 높은 전압에서 불안정한 데다 많은 전류를 보내기 위해서는 굵은 구리선을 써야 했다. 전류 전달량은 전선의 굵기에 좌우되기 때문에 직류 발전기로 전력을 공급한다면 이 지구상의 구리를 다 긁어모아도 부족할 판이었다.

반면 교류 발전기는 높은 전압에서도 안전할 뿐더러 많은 전류를 한꺼번에 보내지 않아도 되었다. 물론 구리선이 굵을 필요도 없었다. 교류 발전기는 높은 전압의 전기를 생산한 다음, 변압기를 이용해 전압을 단계적으로 낮출 수 있었다. 에디슨의 직류 발전기라면 전기의 이동거리를 줄이기 위해 가까운 곳에 발전소를 둘 수밖에 없는데, 교류 발전기는 먼 거리에 발전소를 세우고 전기를 이동시킬 수 있었다.

이렇게 교류 발전기가 여러모로 우수했지만, 대부분의 발명가들은 교류 발전기의 발명이 현실적으로 불가능하다고 생각했다. 그러던 중에 천재 발명가 니콜라 테슬라가 나타났다. 그는 모두가 반신반의했던 교류 발전기의 아이디어를 대학시절부터 품고 있었다. 오스트리아의 명문대학인 그라츠 공과대학을 나온 테슬라는 파리에서 에디슨 전기회사의 지부에서 일하다가 1884년 미국으로 건너와 마침내 에디슨 전기조명회사에서 에디슨과 운명적 만남을 가졌다. 테슬라는 에디슨을 설득해 교류 발전기를 발명하려고 했지만, 에디슨은 테슬라의 아이디어를 이용할 생각밖에 없었다. 위대한 사기꾼이었던 에디슨은 테슬라를 실컷 부려먹고 제대로 보상도 하지 않은 채 내쫓았다.

테슬라는 풋내기 발명가 취급을 받고 울분을 곱씹을 수밖에 없었다. 오갈 데 없었던 그에게 정력적인 사업가였던 조지 웨스팅하우스George Westinghouse, 1846~1914가 구원의 손길을 내밀었다. 철도사업에서 큰돈을 벌었던 웨스팅하우스는 테슬라를 만나기 전부터 교류 발전기의 우수성을 알고 있었다. 웨스팅하우스는 교류 발전기의 특허권을 즉각 매입하고 테슬라와 손잡았다. 1886년에 설립된 웨스팅하우스사Westinghouse Electric Company는 교류 발전기의 상업화를 추진했다. 테슬라와 웨스팅하우스, 에디슨의 전류전쟁이 시작된 것이다. 에디슨은 이미 직류 시스템에 엄청난 투자를 해 놓은 상태였기 때문에 교류 시스템으로 바꾼다는 것을 용납할 수 없었다. 또한 1880년대 초반부터 미국 사회에 확고하게 뿌리내린 자신의 명성을 위협하고 에디슨 제국의 전기 시스템을 침범한다는 사실이 몹시 불쾌했다. 그동안 에디슨은 숱한 기업적 난투에서 살아남았으며 대중적 지지를 한 몸에 받고 있었다. 그는 전류전쟁에서 결코 물러설 수 없었다.

에디슨과 그의 참모였던 브라운Harold Brown은 교류에 대한 흑색선전전을 채택했다. 직류를 선전하는 최고의 방법은 교류의 위험성을 부각시키는 것이라고 판단한 것이다. 그들은 교류가 얼마나 위험한지를 보여 주기 위해 끔찍한 방법을 동원했다. 브라운은 1888년 8월 컬럼비아 대학의 강당에서 교류 발전기의 고압전류로 개를 죽이는 실험을 했다. 개들은 1,000볼트의 직류에서는 견디지만 400볼트도 안 되는 교류에서는 죽는다는 것을 증명하기 위한 실험이었다. 300볼트, 400볼트, 1,000볼트로 전압을 차츰 올리면서 개들에게 전류를 통하게 했다. 개들이 죽어가는 모습은 차마 눈뜨고 볼 수 없을 정도로 잔인하고 엽기적이었다. 동물학대 방지협회가 나서서 중지할 것을 요구했지만, 에디슨이 주도하는 동물공개 전기처형은 계속되었다. 뉴욕의 신문에는 전기 처형된 동물들의 사진이 실리고, 교류 발전기에 대한 경각심을 알리는 글로 넘쳐났다. 에디슨은 교류 시스템을 비방하는 책과 선전물을 제작해 미국 전역에 뿌리고 각종 집회와 연설회를 개최했다.

에디슨의 흑색선전에 웨스팅하우스와 테슬라도 책을 내고 강연회를 열며 맞대응했다. 뉴욕의 신문 지면을 채운 '전류전쟁'의 폭로전은 수그러들 기미를 보이지 않았다. 브라운은 웨스팅하우스에게 공개 결투를 신청했다. 브라운 자신에게는 직류 전기를, 웨스팅하우스에게는 교류 전기를 통하게 해서 누가 더 오래 견디는지를 실험하자는 것이었다. "난 유능한 전기 전문가의 면전에서 날 충족하기 위해 웨스팅하우스에게 도전한다. 내가 연속된 전류(직류)를 내 몸에 흘리는 동안 그의 몸에 교류를 흘리는 것이다.…우리는 100볼트부터 시작하여 한번에 50볼트씩 전압을 점차 늘려갈 것이다. 한 사람이 울부짖으며 공개적으로 자신의 잘못을 인정할 때까지, 매번의 전압은 내가 올리겠다."[49] 웨스팅하우스는 이러한 어처구니없는 요구에 응답하지 않았다. 마침내 에디슨 사단은 최후의 수단으로 '교류에 의한 사형'을 모의했다. 뉴욕 주의회에 전기사형제도를 제정하도록 로비 활동을 벌이고, 교류를 뉴욕 주 공식 '사형집행인의 전류'로 승인받았다. 교류에 대한 공포를 확산시키기 위한 극히 비인간적인 전략이었다. 에디슨은 이미 이성을 잃은 상태였다.

1889년 5월, 에디슨은 첫 번째 전기 사형의 희생자를 찾아냈다. 도끼 살인사건의 살해범으로 알려진 윌리엄 케믈러였다. 에디슨은 총력을 기울여 언론전을 펼치며 전기 의자의 사용을 강력하게 주장했다. 프랑스의 단두대가 기요틴이라는 발명자의 이름을 따른 것처럼 전기의자를 '웨스팅하우스 방법'으로 하자고 제안하기도 했다. 그런데 이 제안은 받아들여지지 않았고, 케믈러가 처형되기 직전에 공식 문서에 적힌 이름은 '전기의자 사형'이었다. 이렇게 에디슨은 전기 사형에 대한 뉴욕 교도소의 동의를 받았는데, 정작 사형장비인 교류 발전기를 구하지 못하는 해프닝이 벌어졌다. 웨스팅하우스사가 처형에 필요한 교류 발전기를 제공하지 않자 에디슨은 8,000 달러를 들여 수단과 방법을 가리지 않고 교류 발전기를 손에 넣었다. 그리고 직접 전기의자를 제작해 교도소에 보냈다. 1890년 8월 6일, 케믈러는 그 전기의자에 앉아 아주 고통스러운 죽음을 맞이했다. 고통 없이 죽을 거라는 에디슨의 주장과는 달리, 몇 번의 시도 끝에 처참하게 '구워져' 죽었다. 그다음 날『뉴욕 타임스』1면의 머리기사 제목은 "교수형보다 훨씬 더 나쁜; 케믈러의 죽음, 무시무시한 광경을 증명하다"였다.

　에디슨은 전기 시스템을 건설했지만 전기의자도 제작했다. 자신의 명성과 힘을 이용해 무자비하게 웨스팅하우스와 테슬라를 파멸시키고자 했다. 케믈러가 웨스팅하우스의 교류 발전기로 전기 사형을 당할 때, 에디슨은 전류전쟁에서 승리하는 것처럼 보였다. 그렇지만 케믈러는 1,500볼트의 전류에서도 쉽게 죽지 않았고, 대중들은 교류 발전기가 킬러라는 에디슨의 주장에 의구심을 가졌다. 또한 직류와 교류의 뚜렷한 차이를 느낄 수 없었으며, 오히려 에디슨의 전기 사형에 반감이 들었을 뿐이었다. 에디슨이 온갖 치졸한 공작을 펼쳤는데도 교류 발전기의 상승세는 꺾이지 않았다. 웨스팅하우스사는 1893년 시카고 만국박람회의 전기 시설 독점권을 따내며 에디슨의 직류 시스템에 뼈아픈 패배를 안겨 주었다. 에디슨의 회사들은 제너럴 일렉트릭(이하 GE)으로 통합해 웨스팅하우스사와 또 한 번의 대결을 벌였다. 나이아가라 폭포를 이용해 세계 최초의 거대한 수력발전소를 건설하는 프로젝트였다. 나이아가라에서 신흥도시 버펄로까지 약 40킬로미터를 송전해야 하는 발전소는 먼 거리의 전류를 전달하는 데 용이한 테슬라의 교류 발전기를 선택했다. 1893년에 계약을 체결한 웨스팅하우스는 3년 만에 공사를 마쳤다. 1896년 테슬라는 이 사업에서 공로를 인정받았고 나이아가라 폭포 부근에 그의 동상이 건립되었다. 교류 발전기의 완벽한 승리였다.

전류전쟁이 한창이던 시절, 에디슨은 40대에 접어들었다. 발명가이면서 기업가로서 누렸던 최고의 전성기는 저물어 가고 있었다. 전기 산업의 과학적 기반은 점점 복잡해졌고, 에디슨과 같은 아마추어적 독립 발명가들의 입지는 좁아졌다. 에디슨이 교류 발전기와 같은 신기술의 중요성을 인식하지 못하고 웨스팅하우스사에 패배한 것처럼 말이다. 이제 발명가들은 전문화되고 고급 훈련을 받은 계층에서 나왔다. 이미 1872년 미국에는 70개의 공과대학이 있었고 1880년에는 85개로 늘어났다. 이렇게 공과대학에서 유능한 엔지니어가 배출되면서 독립 발명가의 시대는 막을 내렸고 기업 발명가의 시대가 열렸다. 발명가의 아이디어보다 기업가의 돈과 관리가 그만큼 더 중요해진 것이다. 기업가는 회사 내에 연구소를 설치하고 전문인력을 고용해 새로운 기술개발을 주도했다.

GE는 앞서 전류전쟁에서 보았듯 전기산업계의 라이벌들과 치열한 경쟁을 벌이고 있었다. 웨스팅하우스사는 물론

1885년에 벨 전화사Bell Telephone를 인수·합병한 AT&TAmerian Telephone & Telegraph 등은 에디슨이 쌓아올린 전기산업의 독점적 지위를 위협하고 있었다. 이들과의 경쟁에서 살아남기 위해 GE는 1900년 회사 자체적으로 산업체 연구소를 설립했다. 연구소 소장으로 매사추세츠 공과대학Massachusetts Institute of Technology, MIT의 물리화학자 휘트니Willis R. Whitney를 영입하는 과감한 결단을 내렸다. 산업체 연구소에 전문과학자를 유치해 조직과 운영에 새로운 역할을 맡긴 것이다. GE의 전폭적인 지원을 받았던 휘트니는 박사학위를 받은 10여 명의 과학자들과 50여 명의 공학자, 숙련된 조수, 기술자 등을 성공적으로 조직화했다. 그중 1913년 MIT 출신의 물리학자 쿨리지William D. Coolidge는 상업용 텅스텐 필라멘트를 개발했고, 1916년 독일 괴팅겐 대학 출신의 화학자 랭뮤어Irving Langmuir는 기체충전 백열등으로 특허를 획득했다. 1932년 노벨화학상을 받은 랭뮤어는 산업체 연구소에서 전문과학자로 성공한 대표적인 사례로 꼽혔다.

산업체 연구소에서는 과학지식을 상품생산에 응용할 목적으로 과학을 연구했다. 본격적으로 과학과 기술이 연결된 '산업적 연구'가 탄생한 것이다. 이렇게 과학지식이 직접 기술에 응용된 것을 '과학에 기반을 둔 기술science-based technology', '과학에 기초를 둔 산업science-based industry'이라고 한다. 지금까지 살펴본 전기 산업을 비롯해 화학 산업, 철강 산업, 자동차 산업, 통신 산업 등은 산업적 연구를 통해 크게 성장했다. 이 정도로 과학과 기술이 융합된 것은 4,000년의 과학사에서 유례를 찾아볼 수 없는 일이었다. 20세기 과학기술의 눈부신 발전은 미국과 유럽의 제국주의 국가들에서 '제2차 산업혁명'을 일으켰다. 제국주의 국가들이 세계를 지배하게 된 원동력은 바로 과학과 기술이 융합된 산업화였다. 과학이 산업의 엔진을 달자 폭발적인 힘을 발휘하며 새로운 과학기술의 시대를 열었다. 동시에 빠른 속도로 전 세계를 서양 중심의 산업화로 지배해 나갈 수 있었다.

4. 공장의 기계는 우리의 피로 돌고

에디슨이 백열등을 발명한 1879년으로부터 5년이 지난 1884년에 대한제국은 에디슨전등회사에 전등설비를 발주했다. 그리고 1887년 경복궁 안, 고종의 처소였던 건청궁乾淸宮에 전등이 가설, 점등되었다. 아시아에서는 일본에 이어 두 번째였다. 또한 우리나라에서 전차가 개통된 것은 1899년이었는데, 당시 조선을 찾은 외국인들이 놀랄 정도로 도입 시기가 이른 편이었다. 이번에도 일본의 도쿄와 교토 다음이었고, 중국보다 앞서고 있었다. 전차는 1879년 베를린박람회에서 독일의 전기·전자업체인 지멘스Siemens와 할스케Halske가 여객수송용 전기기관차를 출품해 세계적인 주목을 받았다. 전기산업의 본고장이었던 미국에서 전차가 처음 운행된 것이 1888년이었으니 우리나라의 1899년 개통이 얼마나 이른 것인지 짐작할 수 있다. 백열등과 전차를 도입하는 데 10여 년이 걸렸다면, 무선방송 라디오의 도입은 이보다 더 빨랐다. 미국의 웨스팅하우스사에서 처음 라디오 방송을 시작한 것이 1920년이었는데, 우리나라에서는 1924년에 조선일보사 주최로 라디오 첫 공개 시험방송이 있었다.

이렇게 전기의 기술 이전은 동시대적으로 빠르게 진행되고 있었다. 웨스팅하우스사가 나이아가라 폭포에 수력발전소를 세운 것처럼 1929년에는 함경남도 부전강에 대규모 수력발전소 건설사업이 추진되었다. 그런데 문제는 식민지의 기술 이전이 철저히 일본 제국주의의 이익을 위한 것이었다는 점이다. 부전강 수력발전소는 동양 최대의 수력발전소로서 그 발전량이 15만 2,000킬로와트에 달했다. 부전강 발전소 한 곳에서 생산되는 전력량은 조선에서 사용하는 전체 전기 사용량의 네 배에 달했다. 일제는 수력발전소 건설을 두고 식민지 개발이라며 대대적으로 홍보했다. 그런데 그 내막을 들춰 보면 결코 그렇지 않다는 것을 알 수 있다. 부전강 수력발전소는 조선인들에게 전기를 보급하기 위해 건설된 것이 아니었다. 일본 독점 대기업이었던 일본질소주식회사의 자가용 발전소로서, 오로지 일본질소와 흥남 비료공장에만 전기를 공급하는 발전소였다. 재벌기업 하나가 15만 2,000킬로와트에 이르는 전력량을 독점적으로 사용하기 위해 대규모 수력발전소를 건설한 것이다.

일본질소주식회사의 신흥 재벌, 노구치 시타가우野口遵, 1873~1944는 도쿄제국대학 전기과 출신의 과학기술자였다. 그는 1886년부터 독일 지멘스사의 일본 출장소에서 일하며 기술혁신의 중요성을 경험했다. 1909년에 독일 과학자 하버Fritz Haber, 1868~1934는 질소 비료를 생산할 수 있는 획기적인 기술을 개발했는데, 노구치는 하버로부터 특허권을 사들여서 일본질소주식회사를 설립하기에 이른다. 하버가 개발한 암모니아 합성법은 물을 전기분해해 수소를 얻고, 공기 중의 질소를 반응시켜 암모니아를 합성하는 기술이었다($N+3H_2->2NH_3$) 이렇게 합성된 암모니아는 폭약 제조에 쓰이는 질산(HNO_3)으로도 쉽게 바뀌기 때문에 폭탄 제조에도 사용되었다. 질소 비료와 폭약의 원료가 되는 암모니아는 물과 전기만 있으면 전기화학적 방법으로 대량 생산할 수 있었다.

그동안 식물 생장에 꼭 필요한 질소는 퇴비나 동물의 배설물에 의존하고 있었는데, 인공적으로 질소비료가 개발되자 식량 생산이 크게 늘어났다. 만약 질소비료가 개발되지 않았다면 세계 인구는 지금의 절반밖에 되지 않았을 것이라고 추정할 정도다. 당시 일본에서도 질소비료의 수요는 급증하고 있었다. 연간 비료 사용량은 36만 2,000톤에 육박했는데, 생산량은 이에 훨씬 못 미치는 13만 톤에 불과했다. 비료 산업은 사업을 확장할 수 있는 절호의 기회를 맞이하고 있었다. 이 기회를 놓칠 수 없었던 일본질소주식회사의 노구치는 식민지 조선으로 눈길을 돌렸다. 질소비료는 물과 공기 외에 다른 원료가 필요치 않은 데다 전기만 충분하면 얼마든지 제조할 수 있었다. 비료산업은 풍부한 전력에 사활이 걸린 사업이었다. 노구치는 식민지 조선이라면 일본보다 훨씬 적은 비용으로 발전소를 건설할 수 있다고 판단하고, 부전강 수력발전소 건설을 추진했다.

1926년에 시작된 부전강 수력발전소는 한마디로 난공사였다. 일본에서도 이러한 대규모 유역변경식 발전소를 건설한 적이 없었다. 경험과 기술 부족은 기초공사에서 준공까지 수많은 문제를 일으켰다. 개마고원 첩첩산중에 댐을 쌓고 수로를 뚫어 물길을 낸다는 것은 자연과의 무모한 대결이었다. 제1발전소 공사에만 30킬로미터에 이르는 수로를 뚫었고, 험준한 산속에 동양 최대의 저수지를 만들어야 했다. 일제의 식민지 권력은 무자비하게 공사를 강행해 4년이라는 짧은 기간에 공사를 끝마쳤다. 그 과정에서 식민지 조선인들이 치러야 했던 희생은 이루 말할 수조차 없었다. 산간지역의 화전민이나 저수지 수몰지역의 농민들은 제대로 토지 보상도 받지 못하고 쫓겨났다. 또한 산을 깎고 굴을 파는 위험한 토목공사 현장에서 수많은 조선인 노동자가 폭발과 압사, 수몰사고로 목숨을 잃었다.[50]

이에 반해 일본질소주식회사는 식민지의 값싼 노동력과 토지를 이용해 일본에서 들어가는 비용의 4분의 1 수준으로 발전소를 건설했다. 당연히 질소비료의 생산 비용도 크게 절감되었다. 일본질소주식회사는 일본의 경쟁회사들에 비해 절반도 안 되는 비용을 들여 엄청난 수익을 올릴 수 있었다. 결국 재벌회사 하나가 일본에서도 전례가 없었던 대규모 수력 발전소를 건설하고 조선 전체 전기 소비량의 네 배에 달하는 전력을 사용하며 수익을 독점했던 것이다. 또한 일제는 마구잡이로 개마고원의 원시림을 파헤치고 식민지인의 삶의 터전을 폭력적으로 빼앗았으며, 식민지 자원으로 돈벌이를 하면서 미개한 식민지를 개발하는 것이라고 미화하기까지 했다. 어떻게 이런 일이 벌어질 수 있었을까? 이 모든 것은 조선이 식민지였기 때문에 가능한 일이었다.

유안硫安 직장은 언제나 무시무시한 음향과 암모니아 가스의 독한 구린내로 충만되어 있었다. 금세 어떤 불의의 변이라도 생길 것만 같은 우람찬 기계의 소음에서 받는 위압감과 불안감이 노동자들로 하여금 기를 못 펴게 한다. 새로 운전을 개시한 1백 마력 송풍기만 하더라도 그 나래치는 회전음이 어찌나 기승 사나운지 귀청이 터지고 얼을 잃을 지경이다. 시운전 때에 운전견습공의 왼쪽 팔 하나를 통째로 잘라먹었다는 이 기계 곁을 노동자들은 될수록 피하여 다니는 것이었다.…만일 '일본질소비료주식회사'가 이 공장에서 노동하는 인간의 생명과 건강에 대해서 다소나마 유의하고 있다면 이미 악취는 훨씬 제거되었을 것이고, 팔을 통째로 잘라먹는 기계에 안전장치를 하였을 것이 아닌가? 이것은 비단 유안 직장에만 국한되는 문제가 아니었다. 유황철광을 태워 유산을 제조하는 유산 직장에서는 배소로焙燒爐가 내뿜는 아황산가스 때문에 하는 수 없이 삼십 분 교대를 실시하고 있으나, 그래도 노동자들은 가스에 중독되어 그 앞에서 철썩철썩 나가쓰러지는 형편이었다.[51]

월북작가 이북명李北鳴, 1910~?의 『질소비료공장』은 조선인들이 얼마나 처참하고 열악한 노동현장에서 고통받았는지를 잘 보여 주고 있다. 이 단편소설은 이북명이 흥남 질소비료공장에서 3년 동안 일한 경험을 바탕으로 1927년에 쓴 글이다. 여기에 나오는 유안硫安은 황산암모늄($(NH_4)_2SO_4$), 즉 질소비료를 말한다. 이북명은 질소비료가 만들어지는 과정을 이렇게 설명하고 있다. "송풍기로부터 좌 나오는 바람이 암모니아 가스를 몰아가지고 포화기의 밑구멍으로부터 치쏘는 서슬에 농유산이 무섭게 소용돌이친다. 이 통에 노란 액체가 차츰 우윳빛으로 변하면서 침전된다. 이 침전물은 진공관으로 뽑아 올려서 원심분리기로 유산과 수분을 말짱 뽑아버리면 백색 가루만 남는다. 이것이 유산암모니아, 즉 유안 비료인 것이다."[52]

이 과정에서 질소비료공장 노동자들은 지독한 암모니아 가스와 아황산가스에 질식되어 쓰러지기 일쑤였다. 송풍 기계에 팔이 잘려나가도 일본질소는 조선인 노동자들의 안전에 조금도 신경 쓰지 않았다. 독한 구린내와 기계 소음으로 가득 찬 질소비료공장은 일제가 내세우는 식민지 공업화의 현장이었다. "공장의 기계는 우리의 피로 돌고, 수리조합 봇돌(도랑)은 내 눈물로 찬다, 아리랑 아리랑 아라리요." 이렇게 공장 노동자들이 부르던 아리랑 노랫말처럼 조선인의 피와 눈물로 식민지 개발이 이루어졌던 것이다. 그런데 일제는 과학관을 세워 식민지 공업화와 개발 과정을 자신들의 치적으로 홍보했다. 그 내막이 어떻든 간에 과학기술과 산업화는 '문명'과 '진보'라는 인식을 주입하는 데 효과적인 도구였다.

부전강 수력발전소와 질소비료공장은 은사기념과학관恩賜記念科學館이 자랑하는 '식민지 개발의 청사진'이었다. 은사기념과학관은 1927년 일제가 설치한 우리나라 최초의 과학관이다. 일본 천황의 개인적 재산인 은사금恩賜金으로 건립되었다고 해서 과학관에 '은사기념'이라는 이름이 붙여졌다. 통감부와 조선총독부로 쓰던 건물을 수리해 과학관으로 사용하도록 했는데, 이렇게 일제가 과학관의 개관에 공을 들인 것은 '조선의 문명화'를 선전하는 장으로 활용하기 위해서였다. 개관할 당시부터 은사기념과학관의 대표적인 전시 코너는 전기산업 분야였다. 부전강 수력발전소의 대형 모형을 제작해서 설치하고, 전기 사업계획을 장밋빛 전망으로 전시했다. 이것을 본 어느 신문사 기자는 "과학의 힘이 자연을 정복하는 과정에 경탄을 금할 수 없다"라고 찬사를 보냈다. 또한 일본의 저력으로 조선이 농업국에서 탈피해 대규모 발전소와 공장을 건설하게 되었다고 감탄하기도 했다.

은사기념과학관에 전시된 과학기술은 '위대한 과학제국' 일본과 '문명'을 상징하고 있었다. 즉 일본의 우월성과 조선의 열등함을 부각시키고 일본이 미개한 조선을 지배하는 것이 당연한 일처럼 보이도록 했다. 또한 일제는 과학기술을 조선인에서 알려 주는 것이 천황의 은혜를 베푸는 일인 양 선전했다. 은사기념과학관의 정문 현판에는 조선총독부 총독이 보낸 휘호 "君恩萬倍深(군은만배심: 천황의 은혜가 매우 깊다)"이 걸려 있었다. 분명히 은사기념과학관은 과학기술을 정치적으로 이용하고 있었다. 이러한 과학기술의 이데올로기는 전시뿐만 아니라 여러 가지 운영프로그램(부대사업)에서도 나타났다.

은사기념과학관은 강연회, 영화 상연, 각종 전람회, 지방 순회강연, 부인의 날과 어린이날 행사 등을 운영하고 있었는데, 그중에서 '어린이날(자공子供데이)' 행사는 가장 인기 있는 프로그램이었다. 매주 토요일마다 200명을 수용하는 강연실에 평균 400명이 몰려들 정도로 호응이 좋았다. 강연회와 활동사진이 상영되었고 각종 과학실험이 시연되었다. 1929년 어느 어린이날 행사에서는 '야만인'이라는 주제로 강연이 있었는데, "대만의 야만인[生蕃]은 천황폐하의 은혜로 훌륭한 일본인이 되었다"라는 것이 강연의 핵심 내용이었다. 과학관에서 어린이들에게 들려준 '아동과학'은 일본이 대만을 침략해 식민지화한 것이 정당한 일이라고 가르쳤다. 또한 실험시간에 화학약품으로 '일장기'를 만들었고, 일장기의 기원과 국기 게양법에 대해 강의했다. 식민지 과학관에서 어린이 프로그램은 이렇게 정치적으로 오염되어 있었다. 패러데이가 영국 왕립과학연구소에서 어린이를 위해 열었던 과학 강연과 비교한다면, 식민지의 어린이들은 정작 과학이라고 할 수도 없는 것들을 과학이라고 배우고 있었던 것이다.[53]

과학 연구는 다른 민족에게 맡기고 그 성과만 조선에 이식하겠는가!

한국 근대사는 과학기술과 애증의 관계였다. 1910년대와 1920년대 '과학문명의 시대'가 왔다고 떠들썩했지만, 우리의 삶은 궁핍한 생활과 문화적 소외감에 나날이 피폐해져 갔다. 앞서 부전강 수력발전소, 질소비료공장, 은사기념과학관 등에서 보았듯 일제가 틀어쥐고 있는 과학기술은 경제적으로 민족을 수탈하고, 정치적으로 식민주의 이데올로기를 강화하는 도구였다. 그럼에도 근대사회로 발전하는 데 중요한 원동력이었던 과학기술은 근대과학이 유럽의 역사를 진보시킨 것처럼 식민지 조선에서 해방의 씨앗이 될 것이라는 기대감을 갖게 하였다.

소설가 박태원이 활동하던 1930년대, 경성의 모던보이들 중에 과학기술자들이 나타났다. "조선의 과학화! 과학의 생활화!" 1934년 4월 19일 '과학데이Day' 행사장에서 조선의 과학기술자들은 목청껏 구호를 외쳤다. 대한제국 시절에 태어나 일제의 식민지 지배체제에서 고등교육을 받았던 김용관金容瓘, 1897~1967, 현득영玄得榮, 박길룡朴吉龍 등은 조선에서 유일한 과학기술교육기관이었던 관립공업전습소(1907)와 경성고등공업학교(1916, 현 서울대학교 공과대학)를 나온 조선의 과학기술자 1세대였다. 이들은 근대 산업사회에서 과학기술이 얼마나 중요한지를 직접 경험한 세대로서, 과학기술의 발전 없이는 민족 해방이 불가능하다는 자각을 하고 있었다.

식민지 시대에 과학기술자는 어떻게 살아야 하는가? 조선의 과학기술자들은 서양의 역사에서 과학의 합리성과 가치를 배웠으나 식민지 현실에서는 과학의 합리성이 작동하지 않는다는 것을 깨달았다. 일제가 선전하는 조선의 공업화는 조선 민족을 위한 공업화가 아니었다. 일본의 과학기술과 공업이 발전할수록 식민지적 수탈만 가중될 뿐이었다. 과학기술자들은 이러한 불평등한 식민지 현실에서 벗어나기 위해 절박한 심정으로 과학운동에 나섰다. 조선의 과학기술은 어떻게 발전해야 하는가? 식민지에서 진정한 과학기술의 발전은 무엇인가? 그중에서 주도적인 역할을 했던 김용관은 이 문제를 가장 구체적으로 고민하고 실천한 사람이었다.

1897년 동대문 창신동에서 태어난 김용관은 일제의 강제병합 직후인 1913년 관립공업전습소 도기과를 졸업했다. 1916년 경성고등공업학교가 설립된 해에 요업과에 입학해 1918년에 졸업하고, 일본으로 건너가 동경에 있는 장전臟前고등공업학교에서 수학했다. 1919년 3·1운동이 일어나자 김용관은 일본 유학을 포기하고 귀국길에 올랐다. 그리고 그 이듬해에 경성고등공업학교의 졸업생들이 조직한 '공우구락부工友俱樂部'라는 운동단체에 참여했다. 그 후 부산의 조선경질도기朝鮮硬質陶器주식회사와 조선총독부 중앙시험소中央試驗所에서 잠시 근무하기도 했다. 이와 같이 김용관은 조선에서 엘리트 코스를 밟은 과학기술자의 삶을 살았다. 일제 식민지 체제에 편입해 안락하게 살 수도 있었던 그가 과학운동에 투신한 것은 과학기술자로서 투철한 세계관을 가지고 있었기 때문이다. 서양 과학기술의 수용에 대한 그의 주체적인 입장은 역사적으로 재조명해 볼 가치가 있다.

김용관이 맨 먼저 시도한 것은 발명학회였다. 미국의 에디슨 사례에서 보았듯, 새로운 발명과 기술혁신이 사회에 크나큰 영향을 미치던 시대였다. 김용관은 전문적 기술자들이 모여 아마추어 발명가들을 도와줄 조직을 구상했다. 과학과 공학 지식을 가르치고 발명과 특허수속에 대한 기술적 자문을 해 주는 등 조선인 발명가들을 지원하는 단체가 필요하다고 생각했다. 1922년에 김용관은 경성고등공업학교 동창생들을 주축으로 발명학회 설립을 추진했다. 일제가 발명학회의 설립허가를 내주려 하지 않아 2년 여의 시간을 보내고, 마침내 1924년 10월 1일 동양염직회사에서 역사적인 발명학회의 창립총회를 열었다. 김용관과 박길룡, 현득영 등 발명학회의 주역들이 발로 뛰어다니며 기업계와 종교계의 사회명사 41명을 창립 발기인으로 참여시켜 이뤄낸 성과였다.

그런데 김용관의 열성적인 노력에도 불구하고 발명학회는 6개월 만에 문을 닫고 말았다. 발명과 기술혁신에 대한 사회적 인식이 부족했던 탓에 좀처럼 회원이 늘지 않았기 때문이다. 발명학회가 침체기를 걷는 동안 김용관은 또 다른 사업을 시도했다. 1927년 경성근교에 연와煉瓦 제조공장을 열고 직접 공장주, 직공, 기술자 역할을 담당하면서 벽돌공장을 경영했다. 조선에 풍부한 고령토를 이용해 우리의 기술력으로 값싼 생필품을 생산하려는 것이었다. 김용관은 소자본으로도 가능한 소규모 공업을 일으켜 일상 생활용품을 자급하자는 '소규모 공업진흥론'을 주창했다.

'조선인이 주체적으로 과학기술을 생산하자. 과학적 지식이든, 기술적 발명이든 작은 것부터 우리 힘으로 발전시켜나가자'는 것이 김용관의 생각이었다. 그는 일제에 의해 수동적으로 과학기술이 이식되는 것에 저항했다. 그리고 조선인이 생산하는 과학기술, 즉 발명과 기술혁신으로 독자적인 산업화를 추구하자는 뜻을 가지고 있었다. 발명학회는 이러한 목

生活의 科學化   科學의 生活化

朝鮮의 科學化!

다같이 손잡고 科學朝鮮 建設하자

科學의 勝利者는 모든것의 勝利者다

한個의 試驗管은 全世界를 뒤집는다

표를 달성하기 위해 추진되었고 8년이나 되는 긴 침체기에서 벗어나 다시 재건되었다. 1932년 6월 김용관은 발명에 대한 사회적 관심이 높아진 것을 계기로 학회 체제를 대폭 정비했다. 발명가들의 활동을 적극 지원하고 변호사 이인李仁 등 사회적 명사의 참여를 활성화시켰다. 이로써 발명학회는 새로운 국면을 맞이했다. 1933년 6월에는 발명학회의 기관지 『과학조선科學朝鮮』을 창간했고 윤치호尹致昊, 박흥식朴興植, 현상윤玄相允, 김창제金昶濟 등 유명 인사를 대거 영입했다. 이렇게 사회 각계 인사들의 참여가 늘어나자 김용관은 발명학회의 사업 방향을 기존의 발명진흥사업에서 과학대중화운동으로 확대했다.

"다 같이 손잡고 과학조선을 건설하자!" 김용관은 과학기술을 조선인들에게 널리 알리기 위해 대중 집회를 구상했다. 다윈 서거 50주년 기념일인 1934년 4월 19일을 '과학데이'로 정하고 대대적인 홍보 활동을 펼쳤다. 김용관은 4월 16일부터 사흘간 매일 오후 7시 반에 라디오에 출연해 과학데이 행사 프로그램을 소개하며 경성 시민들의 성원을 부탁했다. 드디어 4월 19일 중앙기독교청년회관에서 열린 기념식 및 강연회에는 800여 명의 청중이 모여들었다. 이밖에도 과학강연회와 활동사진 상영회, 실험회, 견학 등 각종 행사장마다 성황을 이루었다. 언론의 주목을 받았던 과학데이 행사는 『동아일보』를 통해 상세히 보도되었고 경성방직京城紡織, 서울고무공사, 화신和信 등의 기업과 사회명사들의 후원금도 줄을 이었다. 또한 평양, 선천宣川 등의 지방에서도 자발적인 과학데이 행사가 열렸다. 평양의 '자연과학동호회自然科學同好會'는 자동차 퍼레이드를 벌이며 특별한 행사를 마련했다. 1934년 제1회 행사에는 최소 43만에서 최대 120만 여 명이 참여한 것으로 집계되었다.[54]

김용관의 과학운동은 거국적인 호응을 얻고 민족운동으로 승화되었다. 조선의 민족적 지도자들이 과학운동을 주목하고 힘을 보태기 시작했다. 1934년 7월 5일, 조만식曹晩植, 김성수金性洙, 여운형呂運亨, 이종린李種麟 등이 참여하는 '과학지식보급회'가 발족되었다. 창립총회에서는 교육·산업·언론·종교·과학기술 등의 전 분야에 걸친 조선의 엘리트들이 참가했다. 과학으로 사회를 계몽하자는 목표를 내건 과학대중화운동이 드디어 전국적 조직을 갖추게 된 것이다. 김용관은 과학지식보급회의 전무이사가 되어 『과학조선』의 발간과 지방순회 강연회에 힘을 쏟았다.

과학운동이 대중적 지지를 받자 김용관은 오랜 숙원사업이었던 '이화학연구기관'의 설립을 과학지식보급회에 제안했다. 이화학연구기관은 민족의 자주적 공업화를 기술적으로 뒷받침할 발명기관을 말한다. 소규모 공업에 필요한 상품을 발명하는 데 실질적으로 도움을 줄 수 있는 전문가를 양성하자는 취지였다. 그런데 과학지식보급회의 사회 명사들과 민족주의 운동가들은 김용관이 주장하는 이화학연구기관의 설립과 전문적 기술인력 양성에 동조하지 않았다. 어느 한편에

서는 이화학연구기관보다 계몽적인 과학대중화가 우선이라
며 반발했고, 또 한편에서는 조선인을 위한 독자적인 연구기
관은 필요 없다고 일축했다. 당시 일부 과학기술자들은 과학
기술의 가치중립성을 내세워 일제의 과학기술과 공업화도 조
선 민족에게 이익을 줄 것이라고 주장했다. 서양이나 일본이
해놓은 과학기술의 성과를 이용하면 됐지, 독자적인 민간연
구기관을 세울 필요가 없다는 입장이었다.

> 과학이 나아가는 목표는 자연에 존재하는 진리이다.……
> 과학의 연구는 전혀 다른 민족[他族]에만 맡기고 그 성과
> 만을 조선에 이식移植해야 결과가 된다고 하는 다른 의견
> [異見]도 있을 것이다. 그러나 이것은 목전目前에 경제적 타
> 산에 몰두하고 민족적 조건을 잊은 분의 말이다. "과학에
> 는 국경이 없다. 그러나 과학자에게는 조국이 있다"고 말
> 한 과학계의 위대한 파스퇴르를 생각지 아니할 수가 없
> 다. 산업계에 있어서는 특허권도 있고 우리 한반도에는
> 한반도의 특수사정이 존재하므로 최근에 발명된 고상한
> 공업을 이식하기에는 상당한 노력을 더해야 할 것이다.
> 특수사정이라 함은 자연에서 일어나는 조건뿐만 아니라
> 경제적 조건이 또한 중요하다고 생각된다. 여기에서 과
> 학발달의 급무가 제창되고 산업독립의 필요성을 역설하
> 는 바이다.[55]

이화학연구기관 설립에 반대하는 과학기술자들과 사회명사들을 향해 김용관은 이렇게 말했다. '과학 연구는 전혀 다른 민족에만 맡기고 그 성과만을 조선에 이식하겠는가!' 서양의 과학기술을 그대로 이식했다고 해서 그것이 조선의 과학기술이 되는 것은 아니다. 아무리 서양의 선진 과학기술이라도 조선의 현실에 맞지 않으면 소용없는 일이다. 조선의 식민지적 상황은 서양의 수준 높은 과학기술을 그대로 받아들일 수 없는 처지이므로 조선의 특수성과 현실에 맞게 소화하는 과정이 필요하다고 강조했다. 민족의 자주적 산업화를 위해서는 조선에 맞는 과학기술을 발전시켜야 한다는 것을 다시금 상기시켰다.

그러나 일제가 선전하는 과학기술의 가치중립성과 보편성을 믿는 과학기술자들은 김용관의 제안을 묵살했다. 일본 질소주식회사와 같은 독점자본이 주도하는 공업화일지라도 과학기술이 보편적인 것처럼 조선에서도 똑같은 효과가 있을 것이라고 주장했다. 이렇게 김용관의 이화학연구소 설립이 좌절되면서 과학지식보급회와 『과학조선』은 일제의 탄압을 받기 시작했다. 1936년 『과학조선』은 정간상태에 들어갔고, 1937년 과학데이 행사는 옥외집회 금지조치에 따라 모두 취소되었다. 김용관은 1938년 과학데이 행사를 추진하려던 것이 발각되어 일본 경찰에 체포되었다. 그가 없는 조선의 과학운동은 쓸쓸히 역사에서 퇴장했다. 그런데 우리를 더욱 쓸쓸하게 만드는 것은 과학운동에 헌신했던 김용관이 옥고를 치르고 난 뒤 가난하게 여생을 마쳤다는 사실이다. 반면 과학기술의 가치중립성을 주장했던 과학기술자들은 일제의 비호를 받으며 친일의 길을 걷고 해방 후에도 출세가도를 달렸다고 한다.

그렇다면 식민지의 과학기술은 가치중립적인가? 이 질문을 답하기 위해서는 2장에서 설명한 다윈의 진화론을 떠올려 보자. "자연세계에는 목적이 없다!" 여기에서 목적은 가치·당위·도덕·신 등으로 해석되며, 자연세계가 인간에게 무엇을 해야 한다는 가치를 말하지 않는다는 뜻이다. 따라서 실재하는 자연세계를 설명하는 과학은 가치나 목적을 강요하지 않는다. 그런데 20세기의 과학기술은 과학과 기술이 융합된, '과학에 기반을 둔 기술'이다. 기술은 과학과 달리 인간이 어떤 목적을 위해 만든 지식이나 도구를 말한다. 예를 들어 원자와 원자핵을 발견한 것이 과학이라면, 원자핵폭탄을 만든 것은 '과학을 응용한 기술'이라고 할 수 있다. 이때 원자는 어떤 가치나 목적을 갖지 않지만, 원자핵폭탄은 인간을 살상시키기 위한 무기라는 측면에서 목적을 가지고 있다.

우리가 서양으로부터 받아들인 20세기의 과학기술은 결코 가치중립적일 수 없다. 더구나 한국의 과학기술은 제국주의자에 의해 이식되었다. 이것은 우리 자신이 아닌, 식민지 권력의 목적을 위해 과학기술이 식민지를 일방적으로 지배했다는 뜻이다. 당연히 식민지 과학기술은 식민지 지배정책과 이데올로기를 선전했으며, 폭력적으로 식민지의 자연과 사람들을 착취했다. 그런데 일제는 과학기술이 객관적이고 공평하다는 인식을 심어주고 정치적으로 이용했다. 김용관이 강조한 과학기술의 주체성은 일제가 주입했던 가치중립성과 보편성을 극복하고 과학기술의 문화적 자생력을 키우자는 것이었다. 우리의 삶을 중심에 놓고 과학기술을 어떻게 발전시킬 것인지를 모색하고, 또한 우리의 역사와 문화, 자연환경을 고려해 서양의 과학기술을 받아들이자는 것이었다.

만약 은사기념과학관에 갈릴레오의 망원경이 전시된다면 조선인들은 유럽인들과 똑같은 시각에서 볼 수 있을까? 유럽인들은 갈릴레오의 망원경에서 근대과학의 성취를 느낄 수 있겠지만 조선인들은 그렇지 못할 것이다. 역사적 맥락이 있는 과학관의 전시물이 유럽이 아닌 다른 나라에서 보편적으로 수용될 수는 없기 때문이다. 유럽의 역사를 경험하지 못한 조선인들은 식민지 과학관에서 일본 천황의 은혜를 느끼고 집으로 돌아갔을 것이다. 이렇듯 서양 과학기술을 수용하는 과정에서 역사적 전통과 문화적 정서는 중요한 요소인데, 우리는 식민 지배로 인해 문화적으로 과학적 감성을 키울 수 있는 기회를 빼앗겼다. 식민지 시기에 과학기술의 주체성을 자각한 과학운동은 한국 과학기술이 나아가야 할 방향성을 보여 주는 기억해야 할 역사다.

시각의이름을가지는것은계량의효시이다.

시각의이름을발표하라.

—이상의 「선에 관한 각서-7」에서

4부

아인슈타인의 휘어진 시공간

1. 날개

박제가 되어버린 천재

'박제가 되어버린 천재'를 아시오? 나는 유쾌하오. 이런 때 연애까지가 유쾌하오.

……나는 내가 지구 위에 살며 내가 이렇게 살고 있는 지구가 질풍신뢰의 속력으로 광대무변의 공간을 달리고 있다는 것을 생각했을 때 참 허망하였다. 나는 이렇게 부지런한 지구 위에서 현기증도 날 것 같고 해서 한시바삐 내려버리고 싶었다.

……나는 불현듯이 겨드랑이 가렵다. 아하, 그것은 내 인공의 날개가 돋았던 자국이다. 오늘은 없는 이 날개, 머릿속에서는 희망과 야심의 말소된 페이지가 딕셔너리 넘어가듯 번뜩였다. 나는 걷던 걸음을 멈추고 그리고 어디 한번 이렇게 외쳐보고 싶었다.

날개야 다시 돋아라.

날자. 날자. 날자. 한 번만 더 날자꾸나.

한 번만 더 날아보자꾸나.[56]

이상의 『날개』는 이렇게 시작한다. "'박제가 되어버린 천재'를 아시오?" 한국문학사에서 근대문학의 이정표를 세운 이상은 자신을 '박제가 되어버린 천재'라고 말했다. 생명력이라고는 찾아볼 수 없는 말라비틀어진 존재로 자신의 불운을 자조했던 이상. 경성의 '모던보이'에게 식민지의 현실은 가혹한 운명의 굴레였다. 일제의 강제병합이 일어났던 1910년에 태어난 이상은 27세가 되던 1937년 꽃다운 생을 마감했다. 식민지가 낳고 기른 불쌍한 청년은 폐결핵에 시달리다가 허망한 최후를 맞았다. 식민지 본국의 수도 도쿄에서 '위험한 조선인'이라는 의심을 받고 수감되어 객사하다시피 한 것이다. "날자. 날자. 날자. 한 번만 더 날자꾸나. 한 번만 더 날아보자꾸나" 하던 『날개』의 구절은 운명을 감지하고 있었던 이상의 마지막 절규처럼 느껴진다.

　이상은 1910년 9월 23일, 경복궁 옆 순화방에서 태어났다. 한일병합조약이 발표된 8월 29일로부터 채 한 달도 되지 않은 때였다. 이상의 본명은 김해경金海卿이다. 아버지 김연창金演昌은 구한말에 궁내부 활판소에서 일하던 기술자였다. 손가락 세 개가 잘리는 사고를 당한 뒤 활판소 일을 그만두고 이 발소를 운영하기도 했다. 살림이 곤궁한 집안에 장남으로 태어난 이상은 두 살 되던 해에 큰집의 양자로 입양되었다. 이상을 키운 큰아버지 김연필金演弼은 관립공업전습소 출신이었다. 관립공업전습소는 1906년 일제가 조선에 통감부를 설치하고 내정간섭을 본격화하던 시점에 세워진 기술교육기관이었다. 1907년 관립공업전습소에 들어간 김연필은 본과 2년을 마치고 압록강 자성慈城의 기술전습소에서 1년 동안 파견 근무를 했다. 1910년에 다시 경성으로 돌아온 그는 조선총독부 상공과 기술직에 취직했다. 비록 말단이지만 정부 조직의 하급기술직에 연줄이 닿아 있었다. 그래서 이상의 아버지도 활판소에 주선해줄 수 있었다.

어린 시절 큰아버지 집에서 자란 이상은 부모의 따스한 정이 늘 그리웠던 외로운 아이였다. 가난한 고학생으로 청소년기를 보내면서 그림 그리기에 몰두했다. 예민하고 내성적인 성격의 이상은 미술에 남다른 재능을 보이기 시작했다. 한국 최초의 서양화가 고희동高義東, 1886~1965이 미술선생님으로 있던 보성고등보통학교에 다닌 것도 큰 행운이었다. 이상은 3학년 되던 해, 교내 미술전람회에 나가 1등을 차지했다. 장차 화가가 되겠다는 꿈을 키웠지만 어려운 집안 환경은 그의 꿈을 허락하지 않았다. 이상의 어깨에는 집안의 생계가 걸려 있었다. "장차 이 집안을 맡을 장자로서 네가 환쟁이가 되어 그림이나 그린다면 어떻게 되겠느냐, 이 큰아비를 생각하나 네

아비를 생각하나 네가 기술자가 되면 세태가 아무리 바뀌어도 배를 굶지 않으리라." 가족부양의 책임이 있는 장남으로서 집안을 위해서는 기술을 배워야 한다는 것이 큰아버지의 뜻이었다.[57]

이상은 1926년에 보성고등보통학교를 졸업하고 경성고등공업학교 건축과에 진학했다. 20년 전 이상의 큰아버지가 관립공업전습소에 입학했던 것처럼 이상은 경성고등공업학교를 선택했다. 두 학교는 한국 과학기술교육의 아픈 역사를 간직한 곳이다. 관립공업전습소의 전신은 1899년에 고종이 세운 관립상공학교로, 그 역사는 관립상공학교에서 관립공업전습소, 경성고등공업학교로 이어진다. 해방 이후에 경성고등공업학교는 경성제국대학 이공학부와 경성광산전문학교와 더불어 서울대학교 공과대학으로 승격되었다. 한국의 고등과학기술교육기관으로서 자랑스러운 학교인 반면 일제의 식민지배에 의해 왜곡된 교육기관이기도 했다.

1897년에 출범한 대한제국 정부는 1899년에 관립상공학교의 관제를 반포하면서 과학기술교육기관의 설립을 적극 추진했다. 이때 광무학교, 한성직조학교, 철도학교 등이 설립되었고 수많은 사립과 민간 교육시설이 생겨났다. 그런데 1905년 을사늑약이 체결된 후 한국의 과학기술교육은 일제의 손으로 넘어갔다. 일본인 학부學部고문은 대한제국 정부가 세운 광무학교·철도학교·우무학당·전무학당 등을 폐교 처리했다.

그리고 관립상공학교의 공업과를 기능공 양성소인 공업전습소로 개편했다. 이때 대한제국 정부는 인천에 공업학교를 세워 염색·방직·토목·건축·철도·전기 등의 학과를 운영할 계획이었는데, 이것은 모두 백지화되고 공업전습소로 대체되었다.

공업전습소는 일본의 공업화 초기에 직물업 등의 가내수공업을 지원하던 공업전습학교를 모델로 하고 있다. 실습장이라고 불리는 작은 규모의 공장을 운영하면서 학생들에게 일을 시키며 기술을 가르치던 곳이다. 한마디로 일본에서는 초등교육 수준에도 미치지 못하는 실기교육 위주의 작업장이었다. 일본의 공업발전 과정에서 대표적인 공업기술교육기관은 도쿄공업대학을 꼽을 수 있는데, 이 학교는 도쿄직공학교(1881)에서 도쿄공업학교(1890), 도쿄고등공업학교(1901)를 거쳐 도쿄공업대학(1929)으로 승격되었다. 직공학교, 공업학교, 고등공업학교, 공과대학이 당시 공업기술교육기관의 일반적인 형태였다. 그런데 일제는 조선의 유일한 공업교육기관을 공업학교도 아닌 공업전습소로 격하시켰다. 조선에서는 과학기술교육을 전혀 하지 않겠다는 것이 일제의 교육방침이었던 것이다.

당시 일제는 조선의 각 지방에 일본 본토로 수탈해 갈 원료를 가공·개량하기 위해 각종 전습소를 두었다. 관립공업전습소는 이러한 지방 전습소를 지원하는 중앙기관으로 경성에 설치되었다. 농가부업적인 수공기술을 익힌 하급기능공을 양성해 지방전습소에 파견하는 것이 관립공업전습소의 역할이었다. 수업연한은 겨우 2년이었고 전습분야로는 염직·도기·금공·목공·응용화학·토목 등의 여섯 개 학과를 두고 있었다. 입학생은 모두 기숙사에 입소해 이론과 실기를 배우고 작업장에서 일한 대가로 급여를 지급받았다. 졸업 후에는 전습받는 분야에서 1년간 의무적으로 일해야 한다는 조건이 있었다.

관립공업전습소에 지원하는 학생들은 이상의 큰아버지처럼 가난한 집안 출신이었다. 관립공업전습소는 학비가 면제되고 실습비까지 주며 학력 제한도 없었기 때문에 가난하고 똑똑한 조선 청년들이 몰려들었다. 1907년 처음 치러진 입학시험 지원자가 1,100명을 넘었다. 그해 이상의 큰아버지는 토목과에 입학해 2년의 교육과정을 마쳤고 1909년 압록강 근처의 기술전습소에 파견되었다. 의무적으로 1년 동안 기술지도요원으로 근무하며, 일제가 수탈할 임업자원이나 토목개발 사업에 하급기술자로 동원되었다. 이러한 관립공업전습소가 당시 최고의 과학기술교육기관이었으니 조선인들이 배울 수 있는 과학기술이 얼마나 형편없었는지 짐작할 수 있다.

일제는 철저히 식민지 조선을 수탈할 목적으로 교육기관을 운영했다. 제1차 세계대전이 발발하자 일제의 식민지 개발 정책에 변화가 생기고 이것은 관립공업전습소까지 영향을 미쳤다. 1914년 관립공업전습소 졸업식에서 상공부 고위관리는 "특히 세계전란이 일반 제조공업에 대진동을 가져와 앞으로의 상공업 발흥에 있어서 제군의 기능이 기대되고 또한 책무가 중대하다"라는 요지의 연설을 했다. 일본 본토에서 중화학공업이 발전함에 따라 일제는 조선에서 광산 개발과 수력 조사 사업처럼 공업 원료를 확보하기 위한 사업을 추진했다. 따라서 직공이나 하급기능공보다 수준 높은 기술자가 필요하게 된 것이다.

1915년 관립공업전습소에서는 특별과를 운영하기 시작했다. 관습공업전습소의 특별과는 일본인과 조선인의 공학체제로 바꾸고 일본인에게 학교의 문을 열었다. 그리고 보통학교 졸업자를 대상으로 2년간 교육을 실시했던 공업전습소에 비해 상급학교로 승격된 체제를 갖췄다. 입학할 수 있는 대상자를 고등보통학교나 중학교 졸업자로 한 단계 높이고, 수업연한도 3년으로 연장했다. 교과과정을 살펴 보면 20여 시간이던 실습시간을 12시간으로 줄이고 기계공학·전기공학·응용화학·광물학 등의 전공과목을 확충했다. 이렇게 운영되던 관립공업전습소 특별과는 그 다음해인 1916년에 경성공업전문학교로 확대되었다. 1922년에는 경성공업전문학교가 경성고등공업학교로 개칭되었고, 경성공업전문학교 부속기관이었던 공업전습소는 경성공업학교로 분리되었다. 드디어 조선에서 실습보다 교육에 중점을 둔 정식학교가 설립된 것이다.

그런데 일본인과 조선인의 공학共學체제로 바뀌면서 경성공업학교와 경성고등공업학교는 일본인 학교가 되었다. 당시 일제의 교육체제는 일본인과 조선인을 차별해 이원적 구조로 나뉘어 있었다. 일본인은 소학교 6년과 중학교 5년을 다니고, 조선인은 보통학교 4년과 고등보통학교 4년을 다니도록 했다. 수업연한에 차이가 나는 만큼 교과과정이나 학력 수준에서도 격차가 벌어졌다. 기초학력이 부족한 채 상급학교로 진학한 조선인 학생들은 수업을 따라가지 못하고 중도에 포기하거나 제적당하는 경우가 많았다. 중도탈락률이 거의 50퍼센트에 이르렀다고 한다.

경성고등공업학교는 입학할 때부터 조선인에게 문턱이 높은 학교였다. 조선인을 위한 학교가 아니라 조선에 살고 있는 일본인을 위한 학교였다. 일제의 고등교육 방침에는 조선인의 입학생 비율이 일본인의 3분의 1을 넘지 못한다는 소위 '입학비율 내규'가 있었다. 매년 조선인 입학생의 수는 사전에 이미 결정되어 있었고, 더구나 취업률이 높은 과에는 조선인의 입학을 제한했다. 입학제한과 중도탈락으로 조선인 학생은 한 해에 겨우 10여 명이 졸업했다. 취업이 잘되었던 토목과와 건축과에서는 1~3명 정도의 조선인이 졸업했을 뿐이다.[58]

당시 조선인들은 민립대학 설립운동을 펼치며 고등교육에 대한 열망을 표출하였다. 일제에 강제병합이 된 직후 국채보상운동으로 모금된 수백만 원의 돈을 민립대학 설립기금으로 전환하고 조선총독부에 설립허가를 요구했다. 그러나 일제는 조선인들의 대학 설립 움직임을 차단하고 나섰다. 조선인들의 교육 열기를 잠재우기 위해 경성고등공업학교 같은 전문학교를 설립하였다. 실제 경성고등공업학교는 일본의 제국대학이나 사립대학과는 현격히 차이 나는 가장 수준 낮은 고등교육기관으로, 고등보통학교 정도의 중등교육기관을 나와서 진학할 수 있는 고등사범학교나 고등농림학교와 같은 실업전문학교였다.

일제는 과학기술 교육과 고등교육, 둘 다 억제했다. 앞서 살펴본 관립공업전습소와 같이 초보적인 실기교육이 과학기술 교육의 전부였다. 이러한 일제가 공업학교도 없는 조선에 경성고등공업학교를 갑자기 세웠던 것은 조선의 공업발전이나 체계적인 과학기술 교육을 위한 것이 아니었다. 식민지 수탈과 지배를 위해 전략적으로 전문기술 인력이 필요했기 때문이었다. 때는 바야흐로 제1차 세계대전 직후 경제적 호황기였고, 중국과 만주로의 대륙 진출은 식민지 조선의 공업화를 촉진시켰다. 나날이 늘어가는 식민지 개발 사업에 투입할 수 있는 소수정예의 기술자들이 요구되는 상황이었다. 그래서 일제는 충성스러운 일본인을 중심으로 식민지 경영에 봉사할 기술자 양성을 위해 경성고등공업학교를 설립했던 것이다.

1926년, 이상은 경성고등공업학교 건축과에 입학했다. 건축과와 토목과는 졸업한 뒤에 조선총독부나 경성부청에 취직할 수 있는 인기학과로서 조선인 학생을 거의 받지 않았다. 건축과를 졸업한 조선인은 한 해에 겨우 한두 명밖에 없어서, 이상에 앞서서 졸업한 조선인으로는 박길용을 비롯해 8명밖에 없었다. 이러한 건축과를 이상은 1929년에 당당히 최고 성적으로 졸업했다. 평균 81점(갑)으로 일본인 동기생 11명을 제치고 수석 졸업의 영광을 안았다. 그리고 졸업과 동시에 조선총독부 내무국 건축과에 기수技手로 취업했다.

　당시 고등공업학교를 비롯한 대학교·공업학교·도제학교·보습학교 등 공업교육기관에서는 학력에 따라 기사技師·기수·공수工手·직공職工 등의 자격을 주었는데, 이상이 받은 기수는 대학교가 없었던 식민지 조선에서 최고의 전문기술자 자격증이었다. 경성고등공업학교 건축과에 입학해 수석졸업까지 한 이상은 조선인으로는 매우 예외적인 경우였다. 전공인 건축 공부도 뛰어나게 잘했을 뿐 아니라 학내 문예지 『난파선』의 편집자로도 활약했으며 미술부 활동에서도 두각을 나타냈다.

　이상의 재능은 조선총독부에서도 인정받았다. 취업한 그해 11월, 내무국 건축과에서 총독부의 핵심 부서인 관방 토목과로 발탁되었다. '총독부 관방'은 총독이 직접 관할하는 기획

비서실로 총독부에서 가장 유능한 직원들이 일하는 부서였다. 1912년 데라우치寺內正毅, 1852~1919 총독은 조선총독부 청사 신축작업을 위해, 총독부 관방 산하에 토목과를 새로 설치하였다. 이곳에서 이상은 의주통義州通의 전매국 청사, 경성제국대학 문리대 교양학부 건물 등을 설계하는 일에 참여했다. 또한 일본인 건축기술자가 모여서 만든 조선건축회의 학회지 『조선과 건축』 표지 공모전에서 1등과 3등에 당선되었다. 이 듬해인 1930년에는 조선총독부가 펴낸 잡지 『조선』에 그의 처녀작이자 장편소설인 「12월 12일」을 연재했다. 1931년에 들어서는 『조선과 건축』 7월호부터 실험시를 발표했고, 조선미술전람회에서 서양화 부분에 입선하기도 했다.

경성고등공업학교의 졸업생으로 이상은 전도유망한 식민지 엘리트였다. 일제가 요구하는 전문 기술관리가 되어 식민지 조선을 개발하고 일본 제국주의의 확장에 기여하는 삶을 살았다. 그러던 이상은 1931년 건축공사 현장에서 감독을 하던 중에 각혈을 하고 쓰러졌다. 폐결핵이 발병한 것이다. 몸 상태가 회복 기미를 보이지 않자 절망에 빠진 그는 1933년 봄에 총독부를 사직하고 나왔다. 청춘에 간직했던 꿈과 열정이 서서히 부서져 내리고 비관과 질병이 몸을 갉아먹기 시작했다.

무엇이 100년에 한 번 나올까 말까 하는 천재를 이토록 절망하게 만들었을까? 겉으로 볼 때 이상은 경성고등공업학교를 졸업한 엘리트였고 건축과 문학, 미술 등 다방면에서 재능을 보인 화려한 이력의 소유자였다. 또한 근대 도시로 탈바꿈한 경성에서 유행의 첨단을 걷는 '모던보이'로도 주목받았다. 그렇지만 이상은 극도의 내면적 갈등과 신경쇠약 증세를 앓고 있었다. 그가 직면한 현실은 식민지로 전락한 조선이었다. 일제에 의한 조선의 근대화는 제국주의의 이익을 위한 식민지적 근대화였다. 식민지 최고 학부를 졸업하고 조선총독부에서 전문 기술자로 일했으나 일제의 하수인 노릇을 한다는 자괴감을 떨칠 수 없었던 것이다.

이상은 조선총독부에 근무하며 일제가 주도하는 식민지 건축 사업에 참여했다. '충남도청사 건립을 위한 설계'와 같이 식민정책을 수행하기 위한 상징적 건립 사업에 투입되어 아까운 재능을 썩히고 있었다. 건축학자 김민수는 이상이 "식민통치를 위해 지어지는 판에 박힌 관공서 건물 나부랭이나 설계"하면서 실망과 권태감을 느껴 좌절할 수밖에 없었다고 말한다. 이상이 조선총독부에서 경험하고 깨달은 것은 식민지 근대화와 도시화가 조선의 발전과 전혀 관계가 없다는 사실이었다. 자기 정체성의 혼란으로 식민지 지식인 이상은 고뇌했던 것이다.[59]

또한 경성고등공업학교에서 배운 근대 과학과 기술은 이상의 내면세계를 압박했다. 수학·물리학·건축학 등은 성공과 출세의 도구였을 뿐이지 결코 그의 삶을 일깨우는 앎으로서의 지식이 아니었다. 봉건적 구태에서 벗어나 근대를 향유하고 싶었던 모더니스트에게 경성고등공업학교에서 가르친 근대적 학문은 기능적 지식에 불과했다. 통치자의 언어였던 일본어처럼 근대 과학과 기술은 식민지 조선을 지배하는 지식, 그 이상도 이하도 아니었다. 국문학자 김윤식은 이것을 간파하고 『이상의 글쓰기론』에서 다음과 같이 말했다. "서울서 낳고, 자랐고, 배운 그가 통치자의 반열에 올라 그들만의 기관지 『조선과 건축』 또는 대형잡지 『조선』에 글을 쓸 수 있었음에 주목할 것이오. 어째서 통치자의 반열에 오를 수 있었을까. 이 물음에 주목할 것이오. 기하학 속에 그 정답이 숨어 있지 않다면 대체 어디서 찾아야 할까. 그가 배운 기하학이란 물론 지배자의 것이었소. 그 지배자의 이름이 '근대'이고 증기 기관차이고 뉴턴이고 아인슈타인이었소."[60]

이상은 경성고등공업학교에서 기하학과 뉴턴과학, 아인슈타인의 현대물리학을 겉핥기로 배웠다. 일본어로 된 근대과학은 청소년기 이상의 의식세계를 지배했다. 그는 조선총독부에서 일하며 『조선의 건축』과 『조선』에 일본어로 쓴 글을 발표하기 시작했다. 그 후 모국어가 아닌 기호와 추상성으로 「오감도」 같은 시를 썼고, 기하학과 수학은 그의 시적 언어가 되었다. 그래서 이상의 시에는 모국어의 자연스러움이 배제된 딱딱하고 추상적인 표현이 난무했다. 그의 문학이 모국어의 따스한 속살을 갖지 못한 까닭은 일본어와 근대과학이라는 지배자의 언어로 식민지 근대를 표상하고 있었기 때문이다.

근대과학이 지배자의 언어였다는 김윤식의 지적은 매우 날카롭다. 문학하는 사람이 모국어를 잃어버린 것은 자기를 버린 위선이었다. 이상 문학의 근대성은 자기 위선과 환멸감을 드러내며 식민지적 현실을 투영하고 있었다. 난해한 기호와 어려운 과학적 용어를 혼용해서 쓰는 수법으로 식민지 지식인의 고통과 절망을 표현했다. 이를 통해 식민지 조선에서 근대과학이 얼마나 이질적인 존재였는지 알 수 있다.

조선인들은 거의 이해할 수도 없고 쉽게 다가설 수도 없으며, 조선인들 위에 군림하는 것이 바로 근대과학이었다. 이상의 시에는 수많은 근대과학의 용어가 등장한다. 선, 삼각형, 원, 평면, 입체, 유클리드 기하학, 속도, 좌표 등등 헤아릴 수 없을 정도다. 그의 시를 읽어보면 흔히 고전역학이라고 불리는 뉴턴의 세계관이 종종 언급된다. 「보통기념普通記念」이라는 시에서 "시간에 전화戰火가 일어나기 전 역시 나는 뉴튼이 가르치는 물리학에는 퍽 무지했다" 하더니, 시 「최후」에서는 "사과 한 알이 떨어졌다. 지구는 부서질 그런 정도로 아팠다"라고 쓰고 있다.

이상의 시에서 근대과학의 세계는 순식간에 현대물리학의 수준으로 뛰어넘는다. 아인슈타인의 상대성이론과 양자역학은 뉴턴의 고전역학 체계가 깨지면서 등장한 혁명적 이론이었다. 원자와 같은 눈에 보이지 않는 작은 세계나 광대한 우주를 설명하는 데 뉴턴의 고전역학과 유클리드의 기하학이 한계에 부딪히면서 자연세계를 더 잘 해석할 수 있는 완전히 다른 사고방식의 새로운 물리학이 나타난 것이다. 이상은 막 태동하기 시작한 현대 물리학을 직관적으로 인식하고 시적 상상력으로 풀어썼다. 1931년 『조선과 건축』에 「삼차각설계도」라는 제목 아래 발표한 「선에 관한 각서」 일곱 편 중에서 「선에 관한 각서-1」을 읽어보자.

선에 관한 각서-1   삼차각설계도三次角設計圖

	1	2	3	4	5	6	7	8	9	0
1	·	·	·	·	·	·	·	·	·	·
2	·	·	·	·	·	·	·	·	·	·
3	·	·	·	·	·	·	·	·	·	·
4	·	·	·	·	·	·	·	·	·	·
5	·	·	·	·	·	·	·	·	·	·
6	·	·	·	·	·	·	·	·	·	·
7	·	·	·	·	·	·	·	·	·	·
8	·	·	·	·	·	·	·	·	·	·
9	·	·	·	·	·	·	·	·	·	·
0	·	·	·	·	·	·	·	·	·	·

(우주는멱冪에의依하는멱에의한다)

(사람은숫자를버리라)

(고요하게나는전자電子의양자陽子로하라)

스펙트럼

축X축Y축Z

속도etc의통제예컨대광선은매초당30만킬로미터달아나는

것이확실하다면사람의발명은매초당60만킬로미터달아날

수없다는법은물론없다. 그것을기십배기백배기천배기만배

기억배기조배하면사람은수십년수백년수천년수만년수억

년수조년의태고太古의사실事實이보여질것이아닌가, 그것을

또끊임없이붕괴하는것이라고하는가, 원자原子는원자이고

원자이고원자이다, 생리작용은변이하는것인가, 원자는원

자가아니고원자가아니다, 방사는붕괴인가, 사람은겁인영

겁을살릴수있는것은생명生命은생生도아니고명命도아니고

광선인것이라는것이다.

취각의미각과미각의취각

(입체에의절망에의한탄생)

(운동에의절망에의한탄생)

(지구는빈집일경우봉건시대는눈물이나리만큼그리워진다)

이 시에서 말하는 '원자의 붕괴'와 '광속 불변의 법칙'은 현대 물리학에서 핵심적인 주제다. 원자는 고정불변인 줄 알았는데 원자가 깨지면서 더 작은 세계가 있다는 것이 밝혀졌고, 광속 불변의 법칙은 시간과 공간의 개념까지 변화시켰다. 또한 유클리드 기하학의 제5공리(평행선의 공리)가 성립하지 않는 새로운 비유클리드 기하학이 출현했다. 아인슈타인이 설명하는 우주 공간은 뉴턴의 세계관으로 보던 자연세계와 완전히 다른 세계였다. 이상의 시에서 "입체에의 절망에 의한 탄생", "운동에의 절망에 의한 탄생"은 시공간과 운동이 달라진 현대 물리학의 탄생을 의미한다.

이밖에도 이상은 아인슈타인의 상대성이론을 직접적으로 묘사했다. 「선에 관한 각서-5」에서는 "사람은 광선보다도 빠르게 달아나면 사람은 광선을 보는가"라는 의미심장한 문장이 나온다. 아인슈타인도 빛의 속도로 달리면 세상이 어떻게 관찰되는지를 고민하면서 상대성이론을 연구했는데, 이 시의 다음 구절에서는 광속과 시공간의 관계를 말하고 있다. "미래로 달아나서 과거를 본다, 과거로 달아나서 미래를 보는가, 미래로 달아나는 것은 과거로 달아나는 것과 동일한 것도 아니고 미래로 달아나는 것이 과거로 달아나는 것이다. 확대하는 우주를 우려하는 자여, 과거에 살으라, 광선보다도 빠르게 미래로 달아나라." 이것은 분명 4차원 시공간을 여행하는 타임머신을 언급한 것이다.

실제 상대성이론은 수많은 물리학자조차 상식적으로 받아들이기 어려운 세계다. 국문학자 김윤식은 이에 대해 "이상이 상대성이론을 알았을 턱이 없고, 괴델의 불확정성 이론을 배웠거나 알았을 리가 없지만, 그러한 예감이랄까. 그러한 세계를 꿈꾸고 있었다고 볼 수는 있다. 증명 불가능한 세계, 그것이 시적 상상력인 까닭이다"라고 말하고 있다. 놀랍게도 이상은 직관적으로 상대성이론을 이해하고, 현대에 우리가 꿈꾸는 세계를 상상했던 것이다.[61]

과연 이상의 시를 이해할 수 있는 조선인은 얼마나 되었을까? 이상은 『조선중앙일보』에 1934년 7월 24일부터 8월 8일까지 연작시 「오감도」를 연재했는데, 독자들의 빗발치는 항의로 연재를 15회에서 중단하고 말았다. 「오감도」 15편은 이전에 발표한 「선에 관한 각서」 연작시와 「건축무한육면각체」보다 더 난해했던 것이다. 숫자와 기호 등의 추상적이고 부자연스러운 시어들은 괴기스러운 분위기를 연출했다. 「오감도」를 읽은 조선인들은 질겁했다. "이게 무슨 개수작이냐!", "당장 집어치워라!", "내가 이상이라는 작가를 죽이고 말겠다!" 등의 욕설과 비난이 쏟아졌다. 시대를 앞서간 이상의 작품에 대해 조선인들은 냉대와 몰이해로 일관했다.

2. 아인슈타인의 휘어진 시공간

원자를 눈으로 보기

1922년 조선교육회는 아인슈타인이 일본을 방문한다는 소식을 듣고 한껏 들떠 있었다. 아인슈타인은 예루살렘의 박해받는 유태인을 위해 대학설립기금을 모금하려고 세계 곳곳을 방문하고 있었다. 민립대학설립을 추진하고 있었던 조선교육회 회원들에게 반가운 소식이 아닐 수 없었다. 아인슈타인과 같은 스타 과학자를 조선에 초빙해 민립대학의 설립취지를 세계 만방에 알리고 모금 운동을 벌일 기대에 부풀었던 것이다.

아인슈타인 알리기에 앞장섰던 『동아일보』는 2월 23일부터 3월 3일까지 7회에 걸쳐 1면에 상대성원리를 연재했다. 드디어 11월 4일 아인슈타인이 일본에 도착하자 『동아일보』는 조선교육회가 아인슈타인을 초청할 것이라는 기사까지 실었다. 그러나 세계적 과학자의 초청과 민립대학설립운동의 꿈은 조선총독부의 방해 공작에 부딪혀 무산되었다. 식민지 조선에서 반짝 불었던 아인슈타인의 붐은 허무하게 끝나고 말았다. 실제 신문지상에 간략하게 소개된 내용으로 상대성 이론을 이해하기는 어려운 것처럼 애초부터 식민지 현실에서 아인슈타인의 방문은 불가능했던 일이었다.

1920년대 아인슈타인은 세계 어느 곳에서나 환영받는 유명인이 되었다. 스위스 특허국에서 근무하던 무명의 과학자에게 기적과 같은 일이 벌어진 것이다. 그 기적은 1905년 그가 발표한 네 편의 논문에서 시작되었다. 3월 논문에서는 빛의 입자적 성질을, 5월 논문에서는 원자의 실제 크기를 측정하는 법을 제시했다. 6월에는 특수상대성이론에 관한 논문을 발표했고, 이 논문으로부터 유명한 방정식 $E=mc^2$을 도출한 9월 논문이 작성되었다. 신들린 듯이 써낸 네 편의 논문으로 뉴턴 시대는 막을 내렸다. 물리학자들 사이에서 뉴턴은 거의 신과 같은 존재였는데, 특허국의 기사技士가 뉴턴의 고전역학을 차례로 무너뜨렸다.

첫 번째 논문은 빛이 입자인 동시에 파동이라는 주장을 담고 있었다. 아인슈타인도 친구에게 보낸 편지에서 "굉장히 혁명적"이라고 속마음을 털어놓은 적이 있다. 빛은 입자인가, 파동인가? 뉴턴 이래로 빛의 성질은 논란거리였다. 뉴턴은 빛을 입자라고 보았지만, 토머스 영Thomas Young, 1773~1829의 실험에 의해 빛은 파동으로 밝혀졌다. 3장에서 맥스웰이 빛을 전자기파라고 증명한 것처럼 빛은 파동인 것이 분명했다. 그런데 아인슈타인은 빛이 공간에 퍼져 있을 때는 파동처럼 움직이지만, 물질과 작용할 때는 입자처럼 행동한다는 극히 모순적인 주장을 펼쳤다. 상황에 따라 파동이 되었다가 입자가 되었다가 한다는 것이다. 고전역학의 관점에서 입자와 파동은 완전히 다른 실체를 말한다. 입자면 입자이고 파동이면 파동이지, 입자면서 파동이라는 성질을 동시에 지닐 수는 없다. 아인슈타인의 주장은 고전역학에 대한 정면 도전이었다. 이를 설명하기 위해서는 고전역학을 대체할 새로운 이론이 필요했다.

당시 독일 베를린 대학의 플랑크Max Planck, 1858~1947는 양자 가설을 제시했다. 양자는 원자 같은 물질이 아니라 물질의 상태가 덩어리져 있는 것을 말한다. 플랑크는 물질을 뜨겁게 달궈서 빛이 나오는 현상을 관찰했는데, 이때 빛이 불연속적인 에너지 덩어리로 움직이는 것을 발견했다. 물질이 뜨거워지면 물질의 에너지가 높아져서 빛이라는 형태로 에너지를 방출한다. 물리학자들이 알고 있기에 에너지는 연속적인데, 빛은 에너지 다발로 끊어져서 나오는 것이었다. 빛이 온전히 파동이라면 설명할 수 없는 결과였다. 아인슈타인은 이러한 플랑크의 빛에 대한 양자 가설을 수용했다. 빛을 에너지가 덩어리져 있는 입자, 즉 '광양자光量子'로 부르고 빛의 입자설을 세상에 내놓았다. 광양자는 1926년에 미국의 화학자 길버트 루이스가 광자photon로 고쳐 불렀다.

그다음 아인슈타인은 두 번째 논문에서 원자의 존재를 입증했다. 2,500년 전 고대 그리스의 데모크리토스가 원자설을 말한 이래로 수많은 과학자가 원자가 실제 존재하는지 궁금해 왔다. 이때까지 원자를 직접 본 사람이 아무도 없기 때문이었다. 원자의 존재를 부인하는 과학자들은 "당신이 원자를 본 적이 있어?"라며 공격적으로 질문했다. 이에 확실한 증거를 제시할 수 없는 상황에서 원자는 아직도 가설에 불과했다.

과연 원자는 존재하는 것일까? 과학자들은 원소에서 빛이 '방사'되는 현상, 즉 '방사성radioactivity'을 통해 원자의 실체에 점점 접근해 갔다. 1895년 독일의 물리학자 뢴트겐Wilhelm Röntgen, 1845~1923이 방사선인 엑스선X-ray을 우연히 발견했고, 그다음 해에 프랑스 물리학자 베크렐Antoine-Henri Becquerel, 1852~1908은 방사선을 방출하는 원소인 우라늄을 찾았다. 1898년에는 폴란드 태생의 프랑스 과학자 마리 퀴리Marie Curie, 1867~1934와 그의 남편인 피에르 퀴리Pierre Curie, 1859~1906는 폴로늄polonium과 라듐radium을 발견하고, 방사성은 원자가 외부에 에너지를 내놓은 것이라고 추측했다. 즉 방사성은 원자의 질적인 면이 밖으로 드러난 현상이었고, 방사성을 통해 원자의 존재를 추론할 수 있었다.

또한 1897년 톰슨Joseph J. Thomson, 1856~1940은 전자를 발견했다. 원자보다 더 작은 아원자가 먼저 나타나자 원자 모형이 만들어졌다. 톰슨은 음(-)전하를 띤 전자가 건포도처럼 박혀 있는 케이크 모양의 원자 모형을 예상했다. 그런데 여전히 원자의 존재를 의심하는 과학자들이 있었다. 이들은 원칙적으로 원자를 눈으로 확인해야 원자설을 인정할 수 있다는 입장이었다. 방사성과 전자의 발견이 원자의 존재를 입증하는 데 충분한 증거가 될 수 없다는 것이었다.

원자의 존재를 믿고 있었던 아인슈타인은 기체와 액체에서 움직이는 원자들의 운동 상태를 관찰하고, 이것을 예측할 수 있는 방법을 찾았다. 아인슈타인이 주목한 것은 브라운 운동이었다. 브라운 운동은 영국의 식물학자 로버트 브라운 Robert Brown, 1773~1858의 이름을 따온 것인데, 꽃가루 입자처럼 미세 입자들이 액체 속에서 지그재그로 마구 움직이는 현상을 말한다. 이때 무작위로 움직이는 입자들은 살아 있지 않은 무기질 입자들이었다. 생물이 아닌 입자들이 이렇게 움직이는 원인은 액체의 원자와 분자의 운동에 의한 것이 분명했다. 따라서 아인슈타인은 브라운 운동을 물리적으로 설명하면 원자의 존재를 확인할 수 있다고 생각했다.

물 위에 떠 있는 꽃가루 입자의 움직임은 현미경으로 관찰할 수 있다. 현미경으로 보이는 꽃가루의 운동은 물 분자들의 충돌이 만들어낸 직접적인 증거였다. 아인슈타인은 빠르게 운동하는 물 분자들이 커다란 꽃가루 입자를 마구 때리고 있는 모습을 상상했다. 그리고 과감하게 통계적 방법을 동원해 물 분자의 운동을 예측했다. 1908년 프랑스 과학자 페랭

Jean Perrin은 아인슈타인의 예측을 실험적으로 확인했다. 수많은 보이지 않은 물 분자가 눈에 보이는 꽃가루를 이리저리 움직이고 있었던 것이다. 그는 "아인슈타인이 내놓았던 공식의 엄청난 정확도에 의심의 여지가 있을 수 없다"라고 말했다. 이로써 더는 원자의 존재를 가지고 의심할 수 없게 되었다.

빛줄기와 함께 달리기

아인슈타인이 네 번째로 발표한 논문은 특수상대성이론이었다. 아인슈타인의 상대성이론은 빛의 이중성만큼이나 난해하기 짝이 없는 이론이었다. 오죽하면 전 세계에서 열두 명 만이 상대성이론을 이해하고 있다는 말이 나올 정도였다. 아인슈타인은 어떤 기자가 상대성이론을 간단하게 말해 달라고 부탁했을 때 이렇게 말했다고 한다. "예전 사람들은 세상에서 모든 사물이 사라져도 공간과 시간은 남는다고 믿었다. 그러나 상대성이론에 따르면 시간과 공간 역시 다른 것들과 함께 사라진다." 이렇듯 상대성이론의 핵심은 시간과 공간의 문제다.

　어린 시절 아인슈타인은 빛을 타고 날아다니는 상상을 했다고 한다. 빛과 같은 속도로 달리면서 빛을 본다면 과연 어떤 일이 벌어질까? 고전역학의 관점에서는 빛과 같은 속도로 달려가면 빛이 멈춘 것처럼 보일 것이다. 그런데 놀랍게도 빛의 속도는 어디에서 관측되든지 일정하고 불변이었다. 실험적 결과를 보든, 맥스웰의 전자기 방정식을 보든, 빛의 속도가 줄어드는 일은 일어나지 않았다. 맥스웰의 전자기학은 고전역학의 운동법칙을 따르지 않았던 것이다.

무엇이 잘못되었을까? 아인슈타인은 운동을 설명하는 기본적인 개념인 시간과 공간이 잘못된 것이 아닌가 하는 의심을 했다. 운동법칙이란 물체의 움직임을 시간과 거리, 속도 등으로 나타낸다. 속도는 물체가 이동한 거리를 시간으로 나눈 값인데, 여기에 거리와 시간은 각각 공간과 시간을 측정한 양이다. 뉴턴은 운동법칙을 만들 때 공간과 시간을 단순하게 생각했다. 공간과 시간은 세상의 모든 운동이 일어나는 무대이며, 궁극적인 기준계의 역할을 한다고 보았다. 모든 사물이 있기 전에 먼저 주어진 영원불변의 절대적 존재였다. 따라서 모든 사물이 사라져도 공간과 시간은 남아 있다고 생각했다.

당시 물리학자들은 절대 공간과 절대 시간을 의심한다는 것을 상상도 하지 못했다. 그런데 아인슈타인은 고전역학에서 가장 기본적인 개념을 부정했다. 이유는 빛의 속도 때문이었다. 지난 100여 년 동안 움직이는 관측자가 빛의 속도를 수없이 측정했지만 그 결과는 한결같이 초속 30만 킬로미터였다. 우리가 상식적으로 생각했을 때, 움직이는 관측자와 정지한 관측자가 보는 빛의 속도는 달라야 한다. 빠르게 움직이는 관측자일수록 빛의 속도가 느리게 보일 것이라고 예측할 수 있지만 이러한 일은 결코 일어나지 않았다. 빛의 속도는 자연의 명령이었던 것이다.

　이론은 경험적 사실들과 모순되어서는 안 된다! 이렇게 굳게 믿고 있었던 아인슈타인은 빛의 속도가 항상 일정하다는 실험적 사실로부터 시간과 공간이 변할 수밖에 없다는 결론에 도달했다. 만약 시간과 공간이 상대적이지 않다면 빛의 속도는 관측자의 운동 상태에 따라 다르게 나타나야 하기 때문이다. 결국 시간과 공간은 절대적이지 않고 상대적이며 서로 긴밀하게 연결되어 있다는 것이다. 아인슈타인의 특수상대성이론이 충격적인 것은 바로 시간과 공간이 변형될 수 있다는 아이디어였다. 일상적인 경험이나 직관으로는 받아들이기 어려운 사실이었다.

$E=mc^2$과 중력, 그리고 우주

마지막으로 제출한 아인슈타인의 네 번째 논문은 더 놀라운 사실을 밝혔다. 특수상대성이론으로부터 유명한 공식 $E=mc^2$을 유도해 낸 것이다. 이 식에서 E는 에너지고 m은 질량이며 c^2은 빛의 속도를 제곱한 것이다. 세 쪽에 불과했던 네 번째 논문은 시간과 공간을 통합한 네 번째 논문만큼 위대했다. 특수상대성이론은 시간과 공간을 통합시키고 나아가 질량과 에너지까지 하나로 통합시켰다. 질량과 에너지는 분명 다른 물리적 개념인데, 아인슈타인은 빛의 속도(광속)를 가지고 이 둘을 하나로 연결시켰다. "빛이 질량을 나를 것이다"라는 통찰력은 엄청나게 큰 숫자 c^2을 질량에 곱해서, 아주 작은 질량이라도 대단히 큰 에너지로 전환될 수 있는 가능성을 열었다.

$E=mc^2$은 만능키처럼 수많은 물리학적 의문을 해결했다. 방사성 원소들이 에너지를 방출하는데 그 에너지는 대체 어디서 온 것인가? 아인슈타인은 퀴리 부부가 발견한 "라듐의 경우, 두드러질 만큼의 질량 감소가 일어날 것"이라고 예측했다. 방사성 원소가 붕괴되면서 에너지를 방출하는 것은 질량이 줄어들면서 일어나는 현상이었다. 더 나아가 원자핵 분열에 성공하면서 아인슈타인조차 예상하지 못했던 일이 벌어졌다. 인류의 역사를 바꾼 원자폭탄이 탄생한 것이다.

1905년 $E=mc^2$이 발표될 당시, 원자의 구조에 대해 알려진 것은 거의 없었다. 겨우 전자가 발견된 상태였다. 그 후 1911년에 원자 가운데 핵이 있다는 사실이 발견되었고, 핵은 양성자나 중성자 같은 더 작은 입자로 구성되었다는 것이 확인되었다. 그렇다면 원자핵 안에 양성자와 중성자를 묶어 놓은 힘은 무엇일까? 그 답을 제공한 것은 아인슈타인의 $E=mc^2$이었다. 양성자와 중성자가 한데 뭉쳐서 핵을 형성할 때 각각의 입자로부터 작은 양의 질량이 감소하고 그 잃어버린 질량이 원자핵을 묶어 주는 에너지가 되었다.

빅뱅에 의해 우주가 생성될 때, 우주는 양성자·중성자·전자들의 거대한 소용돌이였다. 별이 죽어 가면서 엄청나게 높은 온도가 만들어졌고, 이렇게 높은 온도에서 양성자들이 격렬하게 부딪히며 융합해 수소와 헬륨 같은 원소를 만들었다. 예를 들어 원자핵에 여섯 개의 양성자가 있는 탄소 원소가 만들어지기 위해서는 섭씨 2억 도나 되는 높은 온도가 필요하다. 그만큼 원자핵의 양성자와 중성자에는 엄청나게 큰 에너지가 있다는 것이다.

$E=mc^2$은 우주에서 가장 큰 힘인 핵력이 원자핵 속에 있음을 입증했다. 큰 원자핵이 쪼개지거나 작은 원자핵이 융합될 경우에 모두 질량 결손이 일어나고, 그 과정에서 매우 큰 에너지가 발산되었다. 이 간단한 방정식은 원자핵폭탄의 이론적 기초가 되는 핵분열과 핵융합을 설명하는 원리이기도 했다. 또한 우주의 별들을 빛나게 하는 것이 무엇이며, 태양이 어떻게 에너지를 만드는지도 밝혔다. 모든 별에서는 수소가 융합해 헬륨이 만들어지고, 이때 일어난 질량 감소는 에너지로 전환되어 별들을 빛나게 하는 것이다.

드디어 아인슈타인은 뉴턴의 중력이론을 무너뜨리고 새로운 우주를 펼쳐 보였다. 뉴턴이 말했던 중력의 정체는 무엇인가? 텅 빈 공간에서 두 물체 사이를 끌어당기는 힘인가? 그것도 즉각적으로 작용하는 힘인가? 이러한 의문들은 아인슈타인을 고민에 빠뜨렸다. 뉴턴의 말대로 중력을 이해하면 자신의 특수상대성이론이 틀렸다는 결론에 도달하고 만다. 특수상대성이론에서 빛보다 빠른 것은 없다고 했는데 뉴턴의 중력은 시간이 전혀 걸리지 않는, 즉각적으로 전해지는 힘이었기 때문이다.

도대체 중력은 무엇이며 어떻게 작용하는 것인가? 뉴턴이 만유인력의 법칙을 내놓을 때 고심했던 문제다. 뉴턴도 어떻게 중력이 작용하는지 이해할 수 없어 괴로워했다. 그가 선택한 것은 중력이 무엇인지는 모르지만 중력의 크기를 측정하는 방식이었다. 두 질량 사이에는 거리의 제곱에 반비례하는 힘이 작용한다는 것을 밝히고, 나머지는 후대에게 남겨놓았다. 1916년 아인슈타인은 일반상대성이론을 발표하고, 뉴턴이 풀지 못한 중력에 관한 새로운 이론을 제시했다.

일반상대성이론에서 밝혀낸 중력은 힘이 아니라 시공간의 성질이었다. 뉴턴의 말처럼 태양과 지구 사이에 끌어당기는 힘은 애당초 존재하지 않았다. 태양이나 지구와 같은 무거운 물체는 주변의 시공간을 휘어지고 구부러지게 만든다. 아인슈타인은 태양의 질량이 시공간을 구부러지게 만들면, 그 굴곡에 따라 지구가 움직이는 것이라고 중력을 설명했다. 아인슈타인의 상대성이론에 따르면 평평한 절대공간도 없고 공간과 분리되어 있는 절대시간도 없으며 우리가 알고 있던 중력도 잘못된 것이었다. 그런데 분명한 것은 아인슈타인이 중력이 작용하는 원인을 밝혔다는 점이다.

[그림 4] 태양이 만든 휘어진 공간을 따라서 도는 지구

　[그림 4]와 같이 태양이 만든 시공간을 보면서 생각해 보자. 시공간은 고무판에 볼링공을 얹어 놓은 것처럼 볼링공 주변에 깊은 웅덩이를 만들 것이다. 여기에 작은 구슬을 던지면 구슬은 볼링공 쪽으로 굴러갈 것이다. 볼링공이 태양이고 구슬이 지구라면, 태양 주위를 돌고 있는 지구는 구부러진 시공간을 따라 움직일 것이다. 이처럼 그동안 우리가 생각했던 태양과 지구 사이에 작용하는 중력은 시공간의 굴곡이 만들어 낸 기하학적 구조의 부산물이었다.

　아인슈타인은 이렇게 설명했다. "눈먼 딱정벌레가 구부러진 나뭇가지 위를 기어갈 때 자기가 지나가는 길이 실제로는 휘어졌다는 사실을 깨닫지 못한다. 하지만 나는 운 좋게도 딱정벌레가 왜 깨닫지 못하는지를 알게 되었다." 우리는 아인슈타인이 말하고 있는 눈먼 딱정벌레였다. 딱정벌레는 나뭇가지의 굴곡을 따라 기어가면서, 자기한테 작용하는 어떤 힘이 존재한다고 착각한 것처럼 우리도 중력이 있다고 느꼈던 것이다. 그러나 우리가 중력이라고 느꼈던 힘은 환상이었다. 지구는 주변 시공간을 구부러지게 만들고, 이렇게 구부러진 시공간이 우리를 바닥으로 밀어내고 있었던 것이다.[62]

만약에 낙하하는 사람이 사과를 떨어뜨린다면 어떻게 될까? 다시 말해 낙하하는 사람은 떨어지는 사과가 어떻게 보일까? 아인슈타인은 머릿속에서 사고실험을 그려보고 이렇게 답했다. 낙하하는 사람은 떨어지는 사과가 아니라 자기 곁에 정지해 있는 사과를 볼 것이다. 낙하하는 사람과 사과는 동시에 구부러진 시공간으로 따라가고 있으므로 이런 결과를 예상할 수 있다는 것이다. 뉴턴은 사과가 중력에 의해 떨어진다고 했는데, 아인슈타인은 낙하하는 가속도가 곧 중력이라는 것을 일반상대성이론에서 밝혔다. 중력은 물질의 질량이 만들어낸 시공간의 구부러짐이었던 것이다.

시공간이 모양을 가진다! 그것도 물질에 따라 서로 다른 시공간을 가지는 것이다. 아인슈타인은 뉴턴의 세계관과는 완전히 다른 우주를 상상했다. 구부러지고 휜 시공간을 어떻게 입증할 것인가? 아인슈타인은 10여 년을 고생한 끝에 일반상대성이론으로 물질에 따라 시공간이 구부러지는 정도를 계산했다. 곡면기하학을 이용해 시공간의 곡률, 즉 중력을 장 방정식 field equations으로 유도했다. 이 장방정식은 물질이 주변에 중력장을 형성하고 있음을 보여 주었다. 아인슈타인은 휘어진 시공간의 실체를 중력장으로, 그리고 수학적으로 확인했다.

낙하하는 사람도, 사과도 휘어진 시공간을 따라 움직이는 것이라면 세상에서 가장 빠른 빛도 중력장에서 구부러지고 휘어질 것이다! 빛이 워낙 빠르기 때문에 직진하는 것처럼 보이지만 중력에 의해 휘어지는 것을 피할 수 없을 것이다. 이러한 아인슈타인의 생각을 막스 플랑크 같은 저명한 물리학자조차 반신반의했다. 아인슈타인이 빛을 측정하려 했을 때 플랑크는 "당신은 성공하지 못할 것이다. 만약 성공한다면 제2의 코페르니쿠스가 될 것"이라고 말했다. 빛이 휘어지는 것을 어떻게 관측할 수 있을까? 아인슈타인은 별빛이 태양처럼 질량이 큰 천체를 지날 때 관측 가능할 정도로 휘어질 것이라고 예상했다. 그런데 강한 태양 빛 때문에 보통 때는 별빛을 관측할 수 없고, 달이 태양을 가리는 일식 때에나 가능했다.

마침내 1919년, 아서 에딩턴 Arthur Eddington, 1882~1944은 5월 29일 개기일식을 맞아 태양 주위를 지나는 별빛을 측정했다. 태양 근처의 빛들은 똑바로 가지 않는다! 에딩턴이 탐사 보고에 쓴 글이었다. 빛은 아인슈타인의 예측대로 휘어져 갔던 것이다. 그해 11월 6일, 런던에서 열린 왕립학회 및 왕립천문학회 공동회의에서 관측 결과가 보고되자 뉴스 기사는 "아인슈타인의 이론 승리"를 전 세계에 알렸다. 뉴턴의 중력이론은 무너졌고 일반상대성이론이 새로운 중력이론으로 떠올랐다.

아인슈타인의 상대성이론은 우리가 살고 있는 우주의 모습을 바꾸었다. 우주론의 첫 페이지는 아인슈타인에서부터 다시 쓰이기 시작했다. 몇몇 수학자와 이론물리학자는 아인슈타인의 방정식을 연구해 우주가 팽창한다는 사실을 알아냈다. 미국의 천문학자 허블Edwin P. Hubble, 1889~1953은 실제로 우주가 팽창하고 있다는 것을 관측했다. 우주에는 시작이 있었고, 우주는 팽창하고 있다! 또한 우주는 중심을 가지지 않고, 누구도 상상하지 못할 정도로 광대했다. 1931년 아인슈타인은 캘리포니아의 윌슨 산에 있는 허블의 연구실을 방문해 이러한 사실을 확인했다. 138억 년 전 한순간에 대폭발이 일어나면서 우주가 생겨났다는 빅뱅이론을 믿지 않을 수 없게 되었다. 우주적 차원에서 보면 아주 작은 존재에 불과한 인간이 어마어마한 우주를 이해하게 된 것이다.

불확정성

한편 20세기 물리학에서는 또 하나의 혁명이 있었다. 1900년에서 1930년 사이에 상대성이론은 우주의 개념에 혁명적인 변화를 일으켰다면, 이 시기에 세계를 보는 방식을 뒤집어 놓은 또 다른 물리학, 바로 양자역학이 등장한 것이었다. 상대성이론과 양자역학은 현대물리학을 떠받치는 두 개의 기둥이 되어 고전역학의 전통적인 세계관을 붕괴시켰다. 뉴턴의 고전역학은 일상생활에서 경험할 수 있는 세계는 잘 설명했지만, 우리의 감각으로 느낄 수 없는 아주 큰 세계나 아주 작은 세계는 설명하지 못했다. 지구에서 생존하도록 진화한 우리는 우주 공간이나 원자의 세계를 일상생활에서 지각할 수 없었다. 그런데 다른 차원의 세계로 인식의 범위가 점점 넓어지면서 고전역학으로 설명할 수 없는 사실이 속출했다. 빛의 속도만큼 빠른 세계, 중력의 크기가 달라지는 세계, 눈으로 볼 수 없는 원자의 세계를 이해하기 위해 새로운 물리학의 출현은 필연적이었다.

아인슈타인이 원자의 존재를 밝힌 것은 1905년이었다. 원자의 존재에 대해서도 확신하지 못했던 물리학자들은 원자보다 더 작은 세계가 있다는 것에 놀라움을 금치 못했다. 1897년 영국 케임브리지 대학의 캐번디시 연구소에서 조지프 톰슨이 전자를 발견하자, 캐번디시 연구소는 원자 연구의 메카가 되었다. 톰슨의 제자였던 러더퍼드는 1911년에 원자 가운데에 원자핵이 있다는 것을 발견했다. 덴마크 출신의 닐스 보어Nils Bohr, 1885~1962는 톰슨 밑에서 공부하기 위해 캐번디시 연구소를 찾았고, 이때 러더퍼드를 만나 원자 모형에 관한 연구에 뛰어들었다.

원자 속에 있는 전자는 고전역학의 어떤 법칙도 따르지 않았다. 보어는 고전역학의 틀에서 그려낸 러더퍼드의 원자 모형이 잘못되었음을 간파했다. 원자 속에서 움직이는 전자의 모습은 너무나 기이했고, 전자의 정체성 또한 의심스러웠다. 빛만 입자-파동의 이중성을 갖는 것이 아니라 입자로 알고 있었던 전자까지도 파동의 성질을 보이고 있었다. 1924년 프랑스의 드 브로이Louis Victor de Broglie, 1892~1987는 전자의 이중성에 관한 논문을 제출했고, 1927년에는 미국의 물리학자 두 명이 전자가 파동처럼 움직이는 것을 실험적으로 증명했다.

가장 기본적인 입자인 전자가 입자-파동의 이중성을 띠고 있다면, 원자를 비롯한 자연의 모든 물질은 이중적 성질을 지녔다고 볼 수 있다. 입자-파동의 이중성은 물리학자들을 공황 상태로 몰아넣었다. 서로 대립되는 성질이 동시에 공존한다는 것을 어떻게 이해할 것인가? 보어는 입자와 파동 같은 고전적 용어로는 원자의 세계를 설명할 수 없다고 판단했다. 상식적으로 이해하기 어려운 현상에 부딪혔을 때는 생각의 관점을 바꾸고 세계를 다르게 설명하는 방식을 채택해야 한다는 것이다. 특히 고전역학의 결정론적이고 인과적인 설명을 버려야 양자역학의 세계에서 나타나는 모순성을 포용할 수 있다고 생각했다.

덴마크로 돌아온 보어는 코펜하겐 대학에 이론물리학 연구소를 세웠다. 파울리Wolfgang Pauli, 1900~1958, 하이젠베르크

Werner Heisenberg, 1901~1976 등의 젊은 물리학자들과 '코펜하겐 학파'라고 불리는 모임을 이끌고 양자역학의 연구에 매진했다. 보어는 우선 물리학을 자연에 대한 우리의 앎을 다루는 학문이라고 규정했다. 존재한다는 것과 안다는 것의 차이가 날 때 앎으로써 접근하는 방법을 모색했다. 서로 모순적이지만 서로 짝을 이루며 일어나는 현상을 전체적인 관점에서 이해하는 방법을 찾았던 것이다. '보완하고 짜맞추다'라는 라틴어의 'compleo'에서 뜻을 가져와 자신의 사상을 '보완성', '상보성'으로 불렀다.

　이러한 보어의 양자역학에 대해 아인슈타인은 못마땅한 마음을 숨기지 않았다. 실재론자였던 그가 보기에 양자역학은 물리적 실체를 부정하는 고약한 물리학이었다. 1927년 하이젠베르크의 불확정성 원리가 발표되자 아인슈타인의 심기는 더욱 불편해졌다. 불확정성 원리는 물질 입자의 위치와 속도를 동시에 정확하게 측정하는 것이 원리적으로 불가능함을 말한다. 예를 들어 한 입자의 위치를 정확하게 알수록 입자의 속도는 그만큼 부정확해지고, 입자의 속도를 정확하게 알면 입자의 위치는 대략적인 값밖에 얻을 수 없었다.

　만약 전자의 위치를 측정한다고 해 보자. 전자같이 작은 입자는 눈으로 관찰하는 행위에 영향을 받는다. 무언가 눈으로 보기 위해 빛이 필요한데, 전자를 정확하게 측정하기 위해 빛을 쪼이면 전자의 속도에 큰 변화가 생긴다. 관측 행위가 관측 대상을 교란시키기 때문에 불확정성은 필연적으로 나타난다. 이러한 불확정성은 양자역학이 갖는 입자-파동의 이중성에 뿌리를 두고 있다. 파동처럼 퍼져 가는 전자의 속도를 측정할 수 있다는 것은 위치를 알 수 없다는 것이다. 반대로 전자의 위치를 측정한다는 것은 전자를 입자로 본 것인데, 그렇게 되면 전자의 파동적 성질이 없어져 속도를 말할 수 없게 된다.

측정하기 전에 전자의 위치는 확률로만 말할 수 있다! 그러다 전자를 측정하면, 측정행위가 전자를 교란시켜 확률 파동이 붕괴되고 전자의 위치는 명확한 값을 드러낸다. 아인슈타인은 이러한 양자역학의 확률적 해석에 불만이 컸다. 측정하기 전에 확률로 존재한다는 것은 관측 전후에 전자가 달라진다는 것을 의미한다. 즉 우리가 본 전자는 원래 전자의 실체가 아니라고 할 수 있다. "우리가 달을 바라보지 않는다고 해서 달이 그곳에 없다는 말인가? 당신은 정말 그렇게 생각하는가?" 아인슈타인이 보어와 그의 동료들에게 던진 질문이었다. 그러자 양자역학의 지지자들은 "달을 바라보는 사람이 단 한 명도 없다면 달이 그곳에 있는지 확인할 방법이 없다. 달의 위치를 확인하는 유일한 방법은 누군가가 달을 바라보는 것이다"라고 맞받아쳤다고 한다. 아직까지 양자역학의 해석에 대해서는 의견이 분분하다.[63]

3. 일본 노벨상의 주역, 유카와

유카와 히데키湯川秀樹, 1907~1981는 1949년 일본 최초로 노벨물리학상을 받았다. 그는 1934년, 28세의 젊은 나이에 원자 속작은 입자인 중간자를 발견하고 세계적인 물리학자로 주목받았다. 1930년대와 1940년대에 일본 과학계는 눈부신 성장을 하며 유카와 같은 세계적 수준의 과학자를 수천 명이나 키워냈다. 1949년에는 노벨물리학상 수상자를 배출하고 세계 과학계의 변방이 아니라 중심으로 인정받았다. 당시 일본 제국주의의 지배를 받고 있던 식민지 조선에서는 상상도 하지 못할 일이었다.

한국의 천재 시인 이상보다 3년 일찍 태어난 유카와는 27세의 나이에 중간자를 발표하고 세계 무대로 나갈 준비를 하고 있었다. 반면 이상은 27세가 되던 1937년에 도쿄에서 '불온한 조선인'으로 체포된 뒤 폐병이 악화되어 죽었다. 한 명은 식민지 조선에서 태어나 건축학도의 꿈을 이루지 못하고 비명횡사했고, 또 다른 한 명은 식민지 본국 일본에서 태어나 노벨물리학상의 주인공이 되었다.

아인슈타인이 물리학계를 뒤엎은 논문 네 편을 써낸 1905년은 우리에게 을사늑약이 체결된 치욕의 해였다. 반면 일본의 입장에서 1905년은 러일전쟁에서 승리한 영광의 해였다. 20세기 초, 우리가 일제의 식민 지배에 신음할 때 일본 과학계는 성장을 거듭하며 세계적 수준에 진입했다. 식민지 조선에서 고등과학기술교육을 철저히 억압하고 식민지 공업화로 조선인들을 착취하며 이뤄낸 성과였다. 일본은 노벨상 수상에 감격했지만, 그 자랑스러운 노벨상은 식민지를 발판으로 제국주의가 육성한 과학기술이었다.

일본의 과학기술은 전쟁, 식민지, 제국주의의 팽창과 따로 떼어놓고 생각할 수 없다. 일례로 일본의 대표적 연구기관인 이화학연구소는 제1차 세계대전 직후에 생겨났다. 전쟁은 군수산업을 폭발적으로 증대시켰고 국가적으로 과학기술의 위상이 높아졌다. 과학기술의 교육뿐 아니라 독자적 연구의 필요성이 크게 대두되었다. 제1차 세계대전 중에 독일과 적대국이었던 일본은 독일에 의존하던 화학공업 제품을 수입할 수 없어서 경제적으로 큰 타격을 입었다. 이에 위기의식을 느낀 일본은 과학연구의 자립성을 국가 정책으로 입안했다. 1917년에 이화학연구소가 발족되었고 수십 개의 연구소와 시험소가 세워졌다.

그 후 이화학연구소는 엘리트 과학자의 산실이 되었다. 제2차 세계대전 중에는 원자핵무기 개발 같은 국가 연구 과제를 비밀리에 수행하기도 했다. 이렇게 일본의 과학기술은 제국주의의 정치적 목적에 종속된 상황이었다. 본국에서도 이러한데 식민지의 과학기술이 차별 받고 낙후된 것은 당연한 일이었다. 체계적으로 지원받은 식민지 본국의 과학기술과 지속적으로 억압된 식민지 과학기술 사이의 격차는 크게 벌어질 수밖에 없었다. 본국에서는 노벨상 수상자를 배출하는데 식민지에서는 중등과학기술교육조차 받기 어려운 것이 현실이었다. 한국의 과학기술이 식민지 시기에 얼마나 억압받고 뒤떨어졌는지를 이해하기 위해 일본 과학기술의 발전 과정을 살펴 보고 비교해 보자.

일본의 물리학이 세계적 수준에 오르기까지

일본은 1853년 미국 동인도함대 사령관 페리가 끌고 온 '흑선'에 무릎을 꿇었다. 페리 함대의 출현 이후 네덜란드와 러시아, 영국, 프랑스 등의 서양 열강은 차례로 개항과 불평등조약을 요구했다. 중국이 서양 제국주의에 침략당하는 모습을 본 일본은 위기감과 두려움을 느끼지 않을 수 없었다. 1860년 미국과 1861년 유럽으로 사절단을 보내고 서양 배우기에 나섰다.

사절단의 일원이었던 후쿠자와 유키치福澤諭吉는『서양사정』이라는 책을 써 문명개화론자로 떠올랐다. 식민지로 전락할지 모른다는 절박함이 일본의 문명개화를 추진한 동력이었다.

1868년에 집권한 메이지 정부는 일본 근대화의 방향성을 서양 제국주의 국가들에 '줄서기'로 잡았다. 서양 문명을 인류 보편의 문명으로 추종하고, 야만스럽고 미개한 국가는 서양 문명국의 침략과 지배를 받는 것이 정당하다는 '문명'과 '야만'의 이분법적 논리를 받아들였다. 약육강식의 국제질서에서 서양 제국주의 국가들을 따라 하는 것만이 일본이 살아남을 길이었던 것이다. 그래서 페리가 했던 방식 그대로 1876년 조선을 위협해 개항을 요구하고 불평등조약을 체결했다. 아시아의 일원으로 서양 제국주의의 침략을 막는 것이 아니라 서양 열강들의 식민지 쟁탈전에 뛰어들었던 것이다.

그런데 일본인은 서양인이 무시하는 황인종에다 동양인이었다. 아무리 해도 서양인이 될 수 없는 정체성의 한계가 있었던 것이다. 이를 극복하기 위해 일본인은 기만적인 논리를 개발했다. 천황제를 옹립하는 국가주의였다. 일본의 천황은 하늘에서 내려온, 즉 천손강림天孫降臨의 신성하고 절대적인 권력자였고, 한 번도 그 혈통이 끊어진 적이 없는 만세일계萬歲一系의 천황을 받드는 일본 민족은 세계 어디에도 없는 뛰어난 민족이라는 것이다. 이러한 천황제와 내셔널리즘은 백인종과 서양 문명에 대한 열등감을 해소하고 아시아에서 서양 제국주의의 대리인 행세를 할 수 있는 우월감을 제공했다.

　빠른 시일 안에 서양이 되자! 일본의 지상최대 과제는 미개한 아시아인을 지배할 수 있을 만큼 문명국이 되는 것이었다. 온 국가가 나서서 총력전을 펼쳤다. 특히 과학기술은 군사적으로 서양을 따라잡기 위해 꼭 필요한 부분이었다. 메이지 정부가 첫 번째로 추진한 정책은 서양 과학자들을 대거 초빙해 직접 일본인들을 가르치게 한 것이다. 1877년에 도쿄대학을 설립하고 법학부·이학부·문학부·의학부의 네 부를 설치했는데, 외국인 과학기술자들은 이곳에서 중추 역할을 담당했다. 두 번째로 추진한 정책은 해외에 유학생을 파견해 과학기술을 배워 오도록 한 것이다.

　메이지 정부가 출범한 지 30여 년이 지난 시점에 일본은 1889년 제국헌법을 공포했다. 천황제를 정점으로 국가관료 조직을 정비하고 내셔널리즘을 더욱 강화시켜 나갔다. 청일전쟁에서 승리한 뒤 1886년 도쿄대학은 도쿄제국대학으로 개편되었다. 산업혁명이 급속도로 진행되었고 각 지방에 여러 제국대학이 설립되기 시작했다. 1890년대에 들어서면 해외 유학을 보낸 일본인들이 귀국하고, 도쿄제국대학 이학부와 의학부는 외국인 교수에게 배운 졸업생들을 배출하기 시작했다. 이들은 교토, 도호쿠, 규슈, 홋카이도, 오사카, 나고야 등에 세워진 제국대학에 교수로 자리잡았다. 외국인 교수들이 떠난 자리를 일본인 연구자들이 차지하면서 과학기술 분야에서 외국인과 일본인의 교체가 이뤄졌다.

　이 시기의 대표적인 과학자로는 나가오카 한타로長岡半太郎, 1865~1950가 있다. 나가오카는 일본의 과학기술자 1세대로, 일본 근대화 및 과학기술의 발전사가 개인의 성장사와 거의 맞물려 있었다. 그는 메이지 유신이 일어나기 직전인 1865년에 태어났다. 그의 아버지는 1871년 사절단으로 미국과 유럽을 둘러본 뒤 문화적 충격을 받고 어린 나가오카를 도쿄와 오사카의 영어학교에 보냈다. 이렇게 유년 시절을 보낸 나가오카는 1882년 도쿄대학 이학부에 들어가 외국인 교수들로부터 물리학을 배우고, 1887년 일본에 처음 생긴 대학원에 진학해 박사학위를 받았다. 그리고 독일로 유학을 떠난 뒤 1896년에 귀국해 도쿄제국대학 정식교수가 되었다. 일본인 과학자로서 외국인 교수들을 대체하고 고등과학기술의 교육과 연구를 전담하게 된 것이다.

　나가오카는 독일 유학 시절, 세계 물리학의 흐름을 접할 수 있었다. 그가 1893년에 수학한 베를린 대학에는 헬름홀츠Helmholtz, 1821~1894와 막스 플랑크 같은 당대 최고의 물리학자가 있었고, 1년 후 뮌헨 대학에는 오스트리아의 이론물리학자 볼츠만Ludwig Boltzmann, 1844~1906이 있었다. 나가오카는 잠깐이었지만 볼츠만의 지도를 받는 행운을 얻기도 했다. 유럽의 최고 물리학자들이 연구하는 모습에 자극을 받고 귀국한 나가오카는 세계적 동향을 주시하며 일본 과학계가 나아갈 방향을 찾았다. 도쿄제국대학 교수가 된 후 1900년 파리에서 열린 제1회 만국물리학회에서 퀴리 부부를 만나고 깊은 영감을 받았다. "퀴리부부의 라듐 실험을 보고 원자의 복잡함을 깨달았으며 거기에서 받은 충격은 엄청난 것이었다"라고 말할 정도였다.[64]

당시 세계 물리학계에서 가장 주목받던 연구는 원자에 관한 것이다. 나가오카는 일본의 물리학이 발전하려면 유럽 과학자들의 관심 주제를 연구해 세계적으로 인정받아야 한다고 생각했다. 그런데 일본 물리학자들의 연구 주제는 일본의 중력이나 지자기, 지진이나 화산 등 지역적 연구에 한정되어 있었다. 일본에서 처음 물리학을 연구한 외국인 교수들이 일본의 지역적 특성에 호기심을 갖고 연구했던 주제에서 벗어나지 못하고 있었다. 나가오카는 일본 물리학이 세계 과학계의 주변부에 머물러 있는 것에 불만이 컸다. 그는 과학을 통해 일본도 서양과 대등한 문명국이라는 사실을 보여 주고 싶었다. 독일 유학 시절부터 구상했던 원자 모형을 떠올리면서 유럽 과학자들의 연구 주제에 도전하기로 결심했다.

1904년 나가오카는 영국과 독일의 학술지에 "토성 모양의 원자 모형Saturnian atomic model"을 발표했다. 나가오카의 원자 모형은 톰슨이 제시한 것보다 한 단계 발전한 것이었다. 톰슨의 원자 모형은 양(+)전하가 고르게 퍼져 있는 케이크에 음(-)전하를 띤 전자가 건포도처럼 박혀 있는 모양이었다. 나가오카는 양전하와 음전하를 분리시키면 원자가 더 안정성을 가질 것이라고 생각하고, 원자 가운데에 양전하의 원자핵이 있고 음전하가 그 주위를 토성의 띠처럼 돌고 있는 '토성 모델'을 제시했다. 당시는 원자핵이 발견되지 않은 시점이었기 때문에 핵이 있는 원자 모형은 매우 독창적인 아이디어였다.

1911년 러더퍼드가 원자핵을 발견하고 '태양계 원자 모형'을 제시하자 나가오카의 토성 모델은 재평가받기 시작했다. 나가오카는 원자핵을 이론적으로 예측한 물리학자로서 세계적인 과학자 명단에 이름을 올렸다. 1912년 런던물리학회의 명예회원으로 추대되었고, 1913년에는 노벨상위원회로부터 노벨상 후보 추천을 의뢰받기도 했다. 드디어 일본에서 세계적으로 유명한 과학자가 탄생한 것이다. 나가오카의 전략은 적중했다. 원자 구조에 대한 연구는 세계 과학계의 이목을 집중시켰고 일본 물리학의 위상까지 높였다.

나가오카는 일본 제국주의와 천황에 충성하는 민족주의자였다. 독일 유학 중에 청일전쟁의 승리 소식을 듣고 "이렇게 멀리 떨어져 있는 내 입장에서는 일본군의 승전보를 접할 때마다 기쁨을 감추지 못하겠다"며 감격했다. 또한 러일전쟁에서 일본군이 이길 때마다 얼마나 흥분했는지 아들 3형제의 이름을 전투지의 지명에서 따와 부를 정도였다. 그는 일본 제국주의의 침략 전쟁에 열광하며 전쟁터에 나가 싸우듯 과학 연구에 매달렸다. 일본 과학자라면 일본인이 뛰어난 과학적 능력을 지닌 민족임을 알릴 의무가 있다고 생각했다. 당시 일본의 과학자들은 나가오카와 마찬가지로 천황제와 내셔널리즘을 내면화하고 있었다. 과학을 연구하는 가치는 오직 민족과 국가를 위한 것이라고 의심 없이 받아들이고 있었다.[65]

일본 과학계에서 나가오카는 거장의 반열에 올랐다. 일본을 대표하는 국민 과학자였고 수많은 제자를 키워낸 물리학계의 아버지였다. 세계 물리학의 최신 동향을 일본에 적극적으로 소개하며 일본의 물리학자들이 세계적인 과학자로 성장하도록 격려했다. 특히 나가오카와 그의 제자들은 상대성이론이나 양자역학처럼 유럽에서도 잘 알려지지 않은 신생 학문을 일본에 동시대적으로 수입하는 데 큰 몫을 했다. 1911년 나가오카의 추천을 받고 도호쿠제국대학의 조교수가 된 이시와라 준石原純은 1922년 아인슈타인의 일본 방문을 성사시켰다. 유럽 유학 시절 스위스의 취리히공과대학에서 아인슈타인을 만나 공부한 것이 인연이 되어 일본에까지 오도록 설득한 것이다.

1922년 11월 17일, 아인슈타인은 40일간의 긴 항해 끝에 일본 고베 항에 도착했다. 이 항해 중에 스웨덴의 과학아카데미는 아인슈타인의 노벨물리학상 수상을 공식 발표했다. 상대성이론으로 유명해진 아인슈타인이 노벨상 수상자라는 타이틀까지 하나 더 갖게 되자 일본인들은 열광적으로 아인슈타인의 방문을 환호했다. 노벨상은 아시다시피 스웨덴 발명가 알프레드 노벨Alfred Nobel, 1833~1896의 유언에 따라 1901년부터 주어진 상이었다. 처음에는 과학자들이 그다지 관심을 갖지 않았는데, 유럽 각국의 우수한 과학자들이 상을 받고 상금의 액수가 크다는 점에서 점차 세계적 권위를 획득해 갔다. 마치 노벨상을 받으면 그 나라의 지적 능력을 인정받는 것 같은 경쟁적 분위기가 형성되었다. 세계적 인정에 목말라 있었던 일본인은 노벨상의 권위에 각별한 애정을 가지고 있었다. 그래서 노벨상 수상자인 아인슈타인이 세계 과학계의 변방인 일본을 찾아 준 것에 큰 의미를 부여했다.

한편 아인슈타인의 노벨상은 우여곡절이 있었다. 1905년에 아인슈타인은 상대성이론을 비롯한 위대한 발견을 내놓았으나 1922년이 되도록 노벨상을 받지 못했다. 더구나 노벨상위원회는 아인슈타인의 수상을 1910년부터 1921년 사이에 여덟 차례나 거부했다. 이유는 놀랍게도 노벨상 지명위원들이 상대성이론을 이해할 수 없어서 결정을 계속 미루었기 때문이었다. 만일 나중에라도 상대성이론이 엉터리로 판명될까 두려웠던 노벨상위원회는 결국 상대성이론이 아니라 '광양자설'에 대한 연구로 노벨상을 수여했다. 광양자설은 빛이 불연속적인 에너지의 덩어리, 즉 빛의 입자성을 밝힌 연구다. 이런 일화에서 알 수 있듯 노벨상이 과학계의 최고 권위를 보증하는 상은 결코 아니라고 할 수 있다.

어쨌든 아인슈타인의 방문은 일본 사회 전체를 흥분시

켰다. 아인슈타인은 여독을 풀 겨를도 없이 도착 후 이틀 뒤인 19일부터 일본 학술강연을 시작했다. 43일간 도쿄, 센다이, 나고야, 교토, 오사카, 고베, 나라, 미야지마 등을 돌면서 강행군 일정을 소화했다. 가는 곳마다 수많은 인파가 모여들었다. 1만 4,000여 명이 그의 강연을 들었다고 할 정도로 대중적인 열기도 뜨거웠다. 바다 건너 조선에까지 아인슈타인의 소식이 전해졌으나 아인슈타인에 대한 조선인들의 열망은 조선총독부의 탄압으로 좌절되었다.

조선에서는 아인슈타인의 그림자도 볼 수 없었는데, 일본에는 아인슈타인만 찾아온 것이 아니었다. 이후 양자역학의 수장이었던 닐스 보어를 비롯해 하이젠베르크, 디랙Paul Adrien Maurice Dirac, 1902~1984 등 노벨물리학상 수상자들이 줄줄이 일본을 방문했다. 일본 최초의 노벨상 수상자 유카와는 다음과 같이 회고했다. "대학 졸업을 전후로 서구 물리학자들이 일본을 계속 방문한 일은 내게 행운이었다. 처음 좀머펠트 문하의 라포르테가 며칠간 양자역학을 강의했다. 이어서 좀머펠트가 교토대학을 방문하여 파동역학에 관한 평이한 강연을 했다. 나아가 양자역학의 건설자인 하이젠베르크와 디랙 두 분이 일본을 방문했다. 하이젠베르크의 입에서 불확정성 원리의 해설을 듣는 것, 디랙 자신이 말하는 전자의 상대성 원리, 그런 것들은 무엇과도 바꿀 수 없을 만큼 감명 깊은 것이었다."[66]

아인슈타인이 일본에 왔을 때 중학교 4학년이었던 유카

와는 음악이나 영화를 감상하는 것처럼 아인슈타인의 강연을 들었다고 말했다. 1920년대 일본에서 아인슈타인은 일시적인 문화적 유행이었다. 정작 상대성이론을 이해하고 연구하는 물리학자들은 그리 많지 않았다. 그런데 1930년대가 되어 일본 물리학계의 상황은 달라졌다. 세계적 물리학자들에게 직접적인 영향을 받은 신세대 물리학자들이 성장하고 있었다. 보어와 하이젠베르크, 디랙을 초청할 만큼 유럽의 한복판에서 활동한 물리학자들이 생겨났다. 그중에는 1930년대와 1940년대 이화학연구소에서 '니시나 학파'를 만들었던 니시나 요시오仁科芳雄, 1890~1950가 있었다.

니시나는 나가오카의 다음 세대면서 유카와 같은 신세대 물리학자들을 키운 주역이었다. 이러한 니시나를 세계적인 물리학자로 이끈 사람이 바로 나가오카였다. 1914년 도쿄제국대학 전기공학과에 입학한 니시나는 나가오카를 만나 물리학으로 전공을 바꾸었다. 그리고 나가오카 덕분에 1920년 러더퍼드가 있는 케임브리지 대학 캐번디시 연구소에 추천을 받을 수 있었다. 니시나는 당시 유럽 최고의 연구소였던 캐번디시 연구소에서 10개월을 머물며 러더퍼드와 함께 연구하던 보어를 만났다. 1922년에 독일의 괴팅겐 대학으로 옮긴 니시나는 고향으로 돌아간 보어에게 편지를 써서 코펜하겐 대학에서 연구하고 싶다는 의사를 밝혔다. 결국 니시나는 1923년부터 1928년까지 6년 동안 보어의 이론물리학연구실에서 '코펜하겐 학파'의 일원으로 연구할 기회를 얻었다.

니시나가 코펜하겐에서 연구했던 6년은 양자역학이 새로운 학문으로 발돋움한 중요한 시기였다. 1927년에 하이젠베르크가 불확정성 원리를 발표했고 파울리, 디랙 등이 활발히 연구하고 있었다. 니시나는 개방적인 보어의 연구방식에서 많은 것을 배웠고 세계적 물리학자들과 공동 연구를 진행하기도 했다. 1929년에 귀국한 니시나는 하이젠베르크와 디랙을 일본에 초청하고, 그야말로 따끈따끈한 양자역학 이론을 일본의 젊은 물리학자들에게 들려줄 수 있었다. 이때 유카와는 29세밖에 되지 않은 하이젠베르크의 나이에 놀랐고 그의 입으로 직접 불확정성 원리를 듣는 것에 강렬한 자극을 받았다.

나시나는 유럽에 배운 지식과 경험을 토대로 일본에서 양자역학을 체계적으로 교육했다. 1931년 5월 교토대학에서 강의한 양자역학은 전설적인 명강의로 전해지고 있다. 이 당시 니시나의 강의를 들은 학생 중에는 유카와는 물론 1965년에 일본에 두 번째 노벨상을 안긴 도모나가 신이치로朝永振一郎, 1906~1979 등이 있었다. 도모나가는 니시나의 강의에 대해 이렇게 찬사를 아끼지 않았다. "니시나 선생의 강의는 1개월 정도였다고 생각한다. 그러나 그 짧은 기간에 선생이 우리에게 준 인상은 매우 강렬한 것이었다. 그 강의는 물리학적 내용과 철학적 배경을 듬뿍 담고 있는 것이었기 때문에 지금까지 혼란

한 상태에 있던 것들도 [니시나의 강의를] 듣고 나면 바로 명
확하게 된다고 말할 수 있는 강의였다. 더구나 강의 뒤의 토론
은 잊을 수 없는 것이었다."[67]

보이지 않는 것의 발견

한편 1932년에 원자핵 속의 중성자가 발견되었다. 원자에는
양성자와 전자만 있는 줄 알았는데 원자핵에 전기적으로 중
성을 띤 중성자가 양성자와 함께 있었던 것이다. 캐번디시 연
구소에서 러더퍼드의 학생이며 동료였던 채드윅James Chadwick,
1891~1974이 전기적으로 중성인 입자를 찾아내 중성자라고 이
름을 붙였다. 중성자의 발견은 핵물리학과 입자물리학에 획
기적인 전환을 가져온 사건이다. 오래전 연금술사들이 꿈꾸
었던 물질의 변형, 즉 원소의 변환을 일으킬 수 있게 되었던
것이다.

　지구의 모든 물질을 이루는 원소는 수소에서 우라늄까지
100여 종이 있을 뿐이다. 이 원소들의 고유한 특성은 원자의
질량인 원자량, 즉 원자핵의 양성자 개수로 나타났다. 원소가
어떤 화학적·물리적 변화에도 변치 않는 것은 쉽게 깨지지 않
는 원자핵의 안정성 때문이다. 그런데 놀랍게도 원자핵이 스
스로 붕괴되는 방사성 원소가 발견되었다. 라듐 같은 원소는

방사선을 방출하고 다른 원소로 변했다. 물리학자들은 원소의 변환이 원자핵의 붕괴라는 사실을 알게 된 것이다. 이제 물리학자들의 관심사는 원자핵을 어떻게 인공적으로 붕괴시킬 것인가에 모아졌다.

이때 중성자가 발견된 것이다. 전기적으로 중성인 중성자는 양성자보다 원자핵을 붕괴시키는 데 훨씬 유리했다. 양성자와 원자핵은 모두 양전하를 띠고 있어서 서로 밀쳐내는데, 중성자는 원자핵으로 미끄러져 들어가며 충돌했다. 중성자의 발견 이후에 실험 물리학자들은 원자핵 포격 실험을 할 수 있는 입자가속기를 만들었다. 또한 중성자의 발견은 원자핵 내부에 존재하는 힘의 문제를 제기했다. 원자핵 속에 양성자가 혼자 있는 것이 아니라 중성자와 같이 있다면, 이 둘을 결합시키는 힘이 필요하게 된다. 물리학자들은 이렇게 양성자와 중성자를 강하게 묶어 주는 힘을 핵력nuclear force이라 부르고, 그 근원이 무엇인지 찾기 시작했다.

1934년 세계 물리학자들이 전혀 주목하지 않았던 일본의 젊은 물리학자 유카와는 이에 대해 대담한 가설을 내놓았다. 원자핵을 이루는 양성자와 중성자 사이에 '중간자'라는 입자가 존재한다는 것이다. 중간자는 양성자와 중성자를 오가며 에너지를 전달하며 핵력의 원인이 된다고 보았다. 유카와는 중간자가 전자의 약 200배의 질량을 가졌다고 계산하고, 이 과정에서 중간자의 질량이 전자와 양성자(또는 중성자)의 중간 정도라고 판단해 중간자라는 이름을 붙였다. 1년 뒤 그는 "소립자의 상호작용에 대해On the Interaction of Elementary Particles"라는 논문을 통해 '중간자 가설'을 세계 물리학계에 발표했다.

유카와는 운이 좋았다. 영어 논문을 발표한 이듬해에 유카와가 예측한 중간자가 발견되었다. 1936년 미국의 앤더슨Carl David Anderson, 1905~1991이 우주선에서 중간자와 비슷한 질량을 가진 소립자를 찾았다. 우주선은 지상 5킬로미터 이상의 고공에서 쏟아지는 고에너지 입자들을 말하는데, 지구에서 발견되지 않은 새로운 입자들을 포함하고 있었다. 나중에 밝혀진 사실이지만 앤더슨이 발견한 소립자는 중간자가 아니라 뮤온muon이었다. 앤더슨의 발견으로 유카와는 세계 물리학자들 사이에서 널리 알려졌다. 유럽의 물리학자들은 중간자의 발견보다 일본의 물리학자 유카와를 발견하고 더욱 놀랐다고 한다. 그만큼 유카와의 중간자는 해외 유학을 갔다 온 적 없는 일본의 국내파 물리학자가 이뤄낸 놀라운 성과였다.

이렇게 유카와가 세계무대로 진출한 데에는 니시나의 도움이 컸다. 니시나는 일본으로 돌아와 대학에 몸담지 않고 이화학연구소에 들어가 '니시나 학파'로 불리는 연구그룹을 만들었다. 세계 첨단의 연구 성과를 단시간에 따라잡고 일본의 독자적인 연구를 내놓으려는 생각에서였다. 그래서 니시나가 선택한 연구 주제는 1930년대 세계 물리학계에서 새롭게 부상하는 것들이었다. 원자핵, 소립자, 우주선, 방사성 생물학,

사이클로트론 등으로 유럽이나 미국에서 막 시작한 연구들이 대부분이었다. 특히 입자가속기의 한 종류인 사이클로트론은 미국에서 만들어져 처음으로 니시나의 연구실에서 수입한 것이었다. 원자핵, 소립자, 우주선 같은 연구는 유카와의 중간자와 관련이 깊은 분야였다. 1937년에 니시나의 연구실은 중간자에 관한 토론회를 열고 유카와 이론의 부족한 점을 보완했다. 이처럼 유카와가 유학을 가지 않고도 일본에서 세계적인 연구가 가능했던 것은 니시나의 연구실 같은 연구 네트워크가 있었기 때문이었다.

이화학연구소의 니시나 연구실은 1940년대에 이르면 일본 최대의 연구그룹으로 성장했다. 100여 명이 넘는 연구원을 거느리고 원자핵 물리학, 소립자 물리학, 우주선 연구, 사이클로트론 실험 등을 선도적으로 이끌어갔다. 이렇게 니시나의 연구실이 성장하는 데에는 1932년에 설립된 일본학술진흥회의 역할이 컸다. 일본학술진흥회의 주된 업무는 연구지원 사업이었다. 그런데 일본학술진흥회가 지원하는 연구비는 여타 학술연구비와는 그 규모가 달랐다. 당시 문부성 과학장려금이 1년에 고작 7만 엔이었던 시절에 일본학술진흥회는 1933년부터 1939년까지 7년 동안 580여만 엔의 연구비를 지출했다. 니사나 연구실은 일본학술진흥회의 전폭적인 지원이 있었기 때문에 원자핵과 사이클로트론 실험 같은 '거대과학'을 연구할 수 있었다.

일본학술진흥회의 연구비 지출 내역을 살펴보면 경제적
·군사적 가치가 있는 응용과학과 산업기술 분야에 연구비가
집중되어 있었다. 니시나 연구실의 우주선과 원자핵 연구는
항공기 연료, 무선통신장치 등과 함께 상위 1, 2, 3위를 차지
하고 있었다. 제2차 세계대전은 물리학자들의 전쟁이라고 했
던 것처럼 제국주의 국가들은 경쟁적으로 과학기술을 발전시
키더니 종국에는 최신 현대물리학을 인간 살상용 군사기술에
적극 활용했다. 또한 일본학술진흥회는 만주, 몽골, 중국의 경
제개척이라는 항목에 수십 만엔을 지출했다. 아시아의 식민
지 침략에 관련된 연구를 공공연히 지원하고 있었던 것이다.

　　1938년 중일전쟁이 발발하고 '국가총동원법'이 공포되었
다. 일본의 모든 연구소는 군사동원과 각종 전쟁 연구에 참여
했다. 일본학술진흥회는 원자탄 개발, 소이탄 연구, 세균무기
개발 등에 연구비를 지원했다. 이에 따라 이화학연구소의 니
시나 연구실은 '니ㄴ호 연구'라는 이름의 원자탄 개발계획을
수행했다. 국가가 나서서 식민지 침략 전쟁에 엄청난 연구비
를 쏟아붓고 세계적인 이론물리학자들을 동원했다. 유카와는
글마다 '천황폐하의 은혜'를 언급했고, 니시나는 '황국의 신민'
으로서 '결전을 위해 과학기술자들이 나서야 한다'고 강조했
다.[68] 그러나 전쟁과 국가적 대의명분은 과학자의 연구와 노
고를 희생시켰다. 1945년 원자폭탄이 투하될 때 니시나가 가
장 걱정했던 것은 사이클로트론이었다. 니시나는 거의 10여

년을 공들인 사이클로트론의 파괴를 막아보려고 애썼지만 헛수고였다. 미군 총사령관 맥아더는 일본에서 원자핵과 관련된 연구를 전면 금지시키고, 니시나가 그토록 애지중지하던 사이클로트론을 철거해 도쿄 앞바다에 던져 버렸다.

　일본의 사상가 마루야마 마사오丸山眞男, 1914~1996는 전쟁 직후 돌아가신 어머니가 남긴 글을 읽으며 천황제에 울분을 토했다. "징집되어간 그리운 내 자식을 생각하며 우는 어미, 끔찍하게 불충한 어미로구나"라는 어머니의 마지막 유언을 전해 듣고, 그는 피눈물을 흘렸다. "자신은 불충한 어미다, 이래서는 안 된다 하는 마음과 역시 자신은 불충해도 아픈 마음을 누를 길 없다는 분열된 두 감정 사이에서 갈등하며 죽어간 어머니를 생각하면,……정말 가슴이 저미어 옵니다." 그리고 마루야마 마사오는 사상적으로 일본의 국가체제와 천황제에 결별하고 돌아섰다. 천황제에 대해 "이것을 쓰러뜨리지 않으면 절대로 일본인의 도덕적 자립은 완성되지 않을 것이라 확신한다"라고 말했다. 또한 식민 지배에 대한 책임을 통감하고 '위안부'와 강제 연행된 노동자들에 대한 일본 정부의 국가 보상을 촉구하는 성명에 참여했다. 이렇게 마루야마처럼 일본 과학자들도 국가와 천황에 분노하고 역사의식과 사회적 책임감을 느꼈어야 했다. 지금까지 일본 과학자들 중에 식민지 조선의 지배에 대해 공개적으로 반성하는 과학자는 없었다.[69]

4. 한 번만 더 날아보자꾸나

"돌이켜보건대, 해방 전의 조선의 물리학계는 불과 10여 명 내외의 학자들과 30~40년대에 와서 발표된 논문 몇 편이 있었을 뿐인 정도였다." 1930년 도쿄제국대학 물리학과를 졸업한 도상록都相祿, 1903~1990의 말이다. 해방 전까지 식민지 조선에서 물리학을 전공해 학사학위를 취득한 사람은 22명 정도로 확인되었다. 그중 학술지에 연구논문을 발표한 물리학자는 앞서 말한 도상록과 도호쿠제국대학을 졸업한 임극제, 그리고 미국 미시간 대학과 일본 교토제국대학에서 각각 박사학위를 취득한 최규남과 박철재 등 네 명뿐이었다. 반면 1945년까지 일본 제국대학의 물리학과를 나온 졸업생은 1,477명이었고, 1946년 일본물리학회 창립 시 등록한 회원 수는 2,293명에 이르렀다. 물리학과 한 과를 비교한 것이 이 정도인데 이공계 전체로 확대해 보면 그 차이는 훨씬 클 것이다.[70]

식민지 조선에서 과학과 기술을 배울 수 있는 이공계 학교는 경성제국대학 이공학부(1941), 경성고등공업학교(1916), 경성광업전문학교(1938) 등의 관립학교 세 곳과 평양대동공업전문학교(1938), 연희전문학교 수물과(1917)의 사립학교 두 곳뿐이었다. 사립학교는 관립학교나 일본인계 학교에 비해 교육여건과 시설이 매우 뒤떨어졌고, 경성제국대학 이공학부와 경성광업전문학교는 뒤늦게 세워졌다. 경성제국대학 이공학부의 물리학과를 졸업한 조선인은 여섯 명에 불과했다고 한다. 식민지 조선에서 태어나 과학기술을 공부한다는 것, 과학기술자가 된다는 것, 과학기술자로 산다는 것 모두가 민족적 차별을 감수하며 피나게 노력해도 좌절할 수밖에 없는 영역이었다.

1931년 교토제국대학 화학과에서 이학박사학위를 받은 이태규李泰圭, 1902~1992는 한국이 자랑하는 과학자다. 그가 과학자를 꿈꾸며 겪었던 고난은 순교자의 삶처럼 거룩하다. 조선인 수재들만 들어간다는 경성고등보통학교를 수석으로 졸업하고 관비유학생으로 일본 유학길에 올랐다. 히로시마고등사범학교에 입학한 첫날, 이태규는 물리 선생님이 칠판에 쓴 영어를 알아볼 수 없어서 무척 당황했다고 한다. 'introduction'을 필기체로 썼을 뿐이지만 그는 한 글자도 읽을 수 없었다. 조선에서 경성고등보통학교 4년, 사범과 1년의 중등교육을 받았으나 그날 처음으로 알파벳 필기체를 구경했다.

"당시 일본 총독부에서는 식민지 하의 조선 학생들에게 일부러 영어를 가르치지 않았다. 영어를 해득하게 되면 건방진 생각을 갖게 되고, 독립 및 자주 의식이 싹튼다는 이유에서였다. 총독부에서는 면서기 같은 식민지 관리로만 만족하게끔 조선인 학생들의 의식을 묶어 놓고 있었다. 실업교육 위주였으니 학과의 수준도 낮을 수밖에 없었다. 일본어를 배울 때만 교과서가 공급되고 나머지 과목은 프린트로 된 교재로 가르쳤다. 영어는 상과 지망생에 한해서만 일주일에 2시간씩 가르쳤다. 수학도 대수의 경우 2차 방정식을 푸는 공식조차 가르치지 않았고, 기하도 원圓을 배우지 못한 상태였다."[71]

이태규는 배워 보지도 못한 알파벳과 2차 방정식부터 공부하기 시작했다. 밤을 새는 일을 밥 먹듯 하다가 책만 보면 어지러운 신경쇠약 증세에 시달렸다. 머리에 찬 물수건을 동여매고 코피를 쏟아가며 공부에 전념했는데, 이때 핏자국으로 얼룩진 공책을 훗날 서울대학교에 기증했다고 한다. 이렇게 해서 박사학위를 취득했지만 일본인들의 차별 대우는 여전했고 마땅한 일자리도 나타나지 않았다. 이태규는 연구실에 남아 6년 동안 고생한 끝에 조교수 자리를 얻었다. 이태규의 경우는 매우 운이 좋은 편이라고 해야 한다.

일본에서 유학한 조선인 과학자 대부분은 일본에서 연구직을 얻지 못하고 식민지 조선으로 돌아와 중등학교 교사로 취직했다. 일례로 신건희는 교토제국대학 이학부를 졸업하고

휘문고등보통학교에 자리를 잡았다. 어렵게 배운 상대성이
론과 양자역학을 써먹지도 못하고 2차 방정식도 가르치지 않
는 중등교육기관에서 재능을 썩혀야 했던 셈이다. "연구실에
서 나온 지 벌써 1개년이오 또 1개월이 되었다. ……양자역학
이니 통계역학이니 하는 것이 지금 와서는 머릿속에서 다 흩
어져 버리고 차일의 꿈인가 하는 생각이 가끔가끔 일어나며"
자신을 괴롭힌다고 한탄했다.[72] 이상의 『날개』의 마지막 구절
"날자. 날자. 날자. 한 번만 더 날자꾸나. 한 번만 더 날아보자
꾸나" 하고 절규했던 것처럼, 식민지 조선에서는 한 번만 더
날아보고 싶은 과학자들이 간절히 기회가 오길 기다리고 있
었다.

　리승기李升基, 1905~1996에게는 모든 과학자가 꿈꾸는 그 순
간이 찾아왔다. 1931년 교토제국대학 공학부 공업화학과를
졸업한 뒤, 그의 표현대로 나라 없는 과학자로서 설움을 당하
고 "개밥의 도토리" 취급받다가 비날론Vinylon이라는 합성섬유
를 개발하게 된 것이다. 1939년 10월 교토제국대학에 부설된
일본 화학섬유연구소 제4회 강연회에서 리승기는 당당히 "폴
리비닐알콜계 합성섬유에 관한 연구"를 발표했다. 이 합성섬
유의 개발로 교토제국대학에서 공학박사학위를 받고 특허까
지 등록했다. 그러나 그는 착잡한 심경을 가눌 길이 없었다.

　리승기가 비날론을 개발하고 떠올린 것은 손기정의 일장
기 말소 사건이었다. "그보다 앞서 몇 해 전이라고 기억된다.

세계 마라톤 올림픽에서 우리 조선 선수가 1등, 3등을 하여 세계를 떠들썩하게 했다. 그러나 그때 경기장에서 조선의 국기가 아니라 '일장기'가 뻔뻔스럽게도 올라가 있었다. 『동아일보』와 『중앙일보』는 우리 선수들이 달리는 포즈를 보도하며 그의 런닝셔츠에 붙은 '일장기'를 뭉개어 버렸다. 그러나 이것이 죄가 되어 두 신문 모두 정간처분을 당했었다. 나는 그때, 한 출판물을 읽으며 눈물을 금할 수 없었다. 그러나 불과 몇 해 후에 내가 바로 그들이 흘린 눈물을 흘리게 되었던 것이다. 밤이 되었다. 밖에서는 구주죽이 내리는 빗소리가 구슬프다. 나는 다다미를 쥐어뜯으며 밤새도록 울었다. 조선아, 조선아, 어디로 갔느냐, 조선아! 조국아, 듣느냐, 만리이역에서 네 아들이 울고 있는 이 소리를…"73

리승기는 실험실에서 합성섬유를 손에 쥐는 순간, 가슴이 터질 듯 기뻤다. 그러나 기쁨도 잠깐, 공허감과 쓸쓸함이 몰려왔다. 자신의 모든 성과는 결국 '대일본제국'의 것이 될 것이고, 식민지 과학자는 일본의 과학을 빛내는 데 이용될 뿐이라는 모멸감이 밀어닥쳤던 것이다. 조선 사람이라는 이유로 부평초처럼 이 연구소에서 저 연구소로 옮겨 다니면서 온갖 홀대에 시달린 지난날들이 떠올랐다. 분하고 원통해서 가슴을 치고 눈물을 흘릴 수밖에 없었다. 과학자로서 가장 기쁜 순간에도 식민지 과학자의 굴레를 벗어날 수 없었다.

식민지 시기에 과연 한국의 과학기술이 발전했다고 할 수

있는가? 지금까지 살펴본 이태규, 신건희, 리승기와 일본의 과학자들을 비교하면, 이 질문에 대해 긍정적인 답을 할 수는 없다. 식민지 시기에 받았던 민족적 차별과 억압은 한국 과학기술이 제도적으로 정착하는 데 크나큰 장애가 되었다. 그런데 일부 역사학자들은 '식민지 근대화론'을 내세우며 일제의 과학기술교육과 식민지 개발이 해방 이후 한국의 경제성장에 기여했다고 주장하고 있다.

우리나라가 왜 일본보다 훨씬 뒤떨어지게 되었는지 생각해 봅시다. 물리학만 보더라도 식민지 시대에 일본은 이미 유카와뿐 아니라 또 다른 노벨상 수상자인 토모나가 등에서 보듯이 세계 수준의 연구가 이뤄지고 있었습니다. 그것은 이미 물리학자들의 수가 상당히 많았고 연구의 기반이 갖춰져 있었기 때문입니다. 그런데 해방이 될 때까지 조선인으로서 물리학 박사 학위를 받은 분은 내가 알기로 한 사람뿐이었습니다. 글쎄요, 내가 모르는 분도 있을 수 있지만 물리학을 제대로 공부한 분이 많아야 서넛을 넘지 않았을 겁니다. 일본은 이미 수백 명의 물리학자가 있었는데 우리는 단 한 사람이었다는 거지요. 왜냐하면 조선인들에게는 높은 수준의 고등교육을 받을 기회를 주지 않았기 때문입니다. 매우 중요한 시대에 이러한 차별에서 시작해 현재의 커다란 차이가 생긴 겁니다.

그런데 근래에 언론 등에서 "한국이 일본의 식민지였던 것이 축복이었다"는 터무니없는 주장이 버젓이 나오곤 했습니다. 억압과 수탈 과정에서 정신적 황폐화, 그리고 이어진 분단과 전쟁이라는 처참한 비극을 거치게 되면서 제대로 된 의미에서 근대화가 늦어지고 어쩌면 거의 불가능해진 것이 식민지에서 기인했는데 그걸 거꾸로 식민지가 근대화를 촉진했다고 주장하는 것은 어떻게 판단해야 할지 모르겠네요. 최근에는 일본군 위안부, 곧 성노예 문제로 참으로 어이 없고 슬픈 현실을 보게 되는데 아마도 친일 부역 세력이 친미 부역으로 이어지면서 정치, 경제, 문화, 교육 등 우리 사회 모든 분야에서 기득권층을 형성하고 대를 이어 가며 주도권을 쥐고 있기 때문이 아닌가 하는 생각이 듭니다. 근대화란 무엇인지, 개발은 우리에게 무슨 의미를 주는지 정확히 성찰할 필요가 있습니다. 우리가 자연과학을 공부하고 있지만, 자연과학의 의미부터 완전히 오도하고 왜곡하고 있어요. [74]

이에 대해 물리학자 최무영은 식민지 시기 물리학 교육의 현황을 예로 들며 식민지 근대화론을 반박하고 있다. 한국 근대화의 발목을 잡은 것은 일본의 식민 지배였는데, 오히려 식민지가 근대화를 촉진했다는 주장은 말이 안 된다는 것이다. 서양의 과학기술을 도입하는 중요한 시기에 식민 지배를 받은 것은 우리에게 크나큰 손실이었으며 현재까지도 해결할 수 없는 공백으로 남았다고 개탄했다. 그리고 "근대화란 무엇인지, 개발은 우리에게 무슨 의미를 주는지 정확하게 성찰할 필요가 있다"라고 언급했다. 한국의 과학기술이 근대화론(근대화 패러다임)에 종속되어 있는 현실을 날카롭게 지적한 것이다.

근대화론은 2차 세계대전 이후에 서양의 사회학자와 경제학자들이 만들어낸 이론이다. '근대화'라는 용어는 제2차 세계대전 이전에는 자주 쓰이지 않다가 1950년대와 1960년대 개발 전문가들에 의해 등장했다. 근대화는 식민지였던 저개발 국가들이 정치적·경제적 불안정에서 벗어나 민주주의와 산업화를 이루는 것을 뜻한다. 특히 냉전시대에 미국의 사회학자들은 개발과 근대화를 크게 강조했는데, 저개발 국가들이 공산주의 국가가 되는 것을 막기 위한 정치적 전략이 포함되어 있었다. 어떻든 근대화론자들은 세계의 모든 민족과 국가가 서양과 같은 경로로 발전할 것이라고 전망했다. 우리나라와 같은 저개발 국가들은 서양식 교육, 과학기술, 산업화 등을 근대화의 목표로 삼게 되었다. 해방 이후 한국의 과학기술은 이러한 근대화론에 종속되어 본래의 가치와 역할에 대해 관심을 기울이지 못했다.

이 장에서 경성고등공업학교를 비롯한 과학기술교육과 식민지 과학자의 삶을 살펴 보며 우리에게 얼마나 뼈아픈 과거가 있었는지를 느꼈을 것이다. 일제에 의한 식민 지배는 한국의 과학기술을 처음부터 왜곡시켰다. 식민지 시기에 서양의 지배 이데올로기였던 '문명화'는 해방 이후에 '근대화론'으로 대체되었고, 식민 지배의 도구였던 과학기술은 서양의 근대화를 따라가기 위한 도구로 바뀌었다. 오늘날까지 과학기술은 근대화와 산업화를 이루기 위한 도구라는 인식에서 벗어나지 못하고 있다. 우리는 근대화와 산업화, 그리고 과학기술에 대한 근본적인 성찰이 필요하다.

식민지 근대화론을 주장하는 역사학자들은 과학기술에 대한 잘못된 관점을 가지고 있다. 식민지 시기에 과학기술의 가치중립성을 강조했던 친일 인사들과 같은 입장이다. 과학기술은 의심할 여지없이 객관적이며 역사를 진보시키고 지극히 선한 것이기 때문에, 식민지 과학기술은 일제 지배의 유산이며 당연히 해방 이후에도 근대화에 기여했다고 주장한다. "일제가 이식한 과학기술은 식민지 조선을 개발하고 한국의 근대화를 가져왔는가?"라는 질문에는 이미 "그렇다"는 답을 포함하고 있다. 식민지 근대화론자들은 앞서 1장과 3장에서 비판했던 '과학주의'와 '과학기술의 가치중립성'의 관점을 그대로 따르고 있는 것이다. 이러한 점에서 최무영의 지적대로, 근대화와 과학기술은 우리에게 어떤 의미를 갖는지 반드시 성찰해야 한다. 한국 과학기술의 식민지성은 현재 진행 중이며 우리가 시급히 풀어야 할 과제인 것이다.

마치며

감정은 단지 사고의 보완물이 아니라 모든 종류의 가치 판단 사고에 없어서는 안 될 부분이다. 감정은 의사결정과 행위에서 결정적인 역할을 한다.……감정적 사고는 지혜를 구성하는 데에도 반드시 있어야 한다. 나는 지혜를 설명하면서 무엇이 중요한지, 그것이 왜 중요한지, 그것을 어떻게 성취할지 아는 것이라고 말한 바 있다. 우리가 원하는 긍정적인 것과 원하지 않는 부정적인 것들을 모두 포함해, 어떤 것들이 우리에게 중요해지려면 감정을 거쳐야 한다. [75]

인간의 뇌는 감정을 느낀다. 우리는 기쁘고 슬프고 좋고 싫고 두렵고 놀라며, 매일 매일을 살아가고 있다. 이렇게 일상생활에서 느끼는 감정은 우리가 접하는 모든 것에 가치를 부여한다. 감정은 인간의 가치판단 능력이다. 그래서 어떤 것에 대해 느끼는 감정은 "의사 결정과 행위에서 결정적인 역할을 한다." 옳고 그름을 분별하는 뇌의 능력은 실재를 알고 감정을 느끼며 가치판단을 하는 과정이다. 과학이 중요하고 가치가 있다고 지각하는 것도 본래 감정이다. 과학을 공부하면서 감정적으로 느끼지 않고 무엇인가를 배울 수는 없다.

나는 이 책을 통해 과학을 느끼게 하고 싶었다. 앞서 한국의 과학기술을 비판하면서 식민 지배와 근대화의 도구였다는 주장을 했는데, 이렇게 과학기술이 도구가 될 수밖에 없었던 것은 우리가 과학을 앎으로써 느끼지 못했기 때문이다. 과학은 우리가 살고 있는 세계와 우리 자신에 대해 알려 주는 학문이다. 세계가 어떻게 생겨났는지 궁금했던 고대인들은 '신'을 만들어 세계를 설명했는데, 뉴턴은 태양계를 발견하고 세계가 법칙에 따라 작동한다는 것을 알려 주었다. 또한 다윈은 인간에 대해, 아인슈타인은 우주에 대해 우리가 잘못 알고 있었던 사실들을 밝혀 주었다. 우리가 과학을 공부한다는 것은 뉴턴과 다윈, 아인슈타인이 실재하는 세계를 이해하면서 느꼈던 감정까지 공유하는 것이다.

뉴턴과 다윈, 아인슈타인은 세계를 관찰하고 그 원리를 알아채는 데 비범한 능력이 있었던 과학자들이다. 그들은 자신만의 직관력과 통찰력을 가지고 세계를 새로운 방식으로 읽어냈다. 우리가 과학자들처럼 세계를 보고 느끼기 위해서는 훈련이 필요하다. 또한 과학을 이해하고 자신의 삶과 연결해 생각하려면 인문학적 감각이 요구된다고 할 수 있다. 그동안 과학이 어려웠던 것은 유년 시절부터 과학을 느끼고 배울 수 있는 인문학적 토양이 부족했기 때문이다. 창의적 사고를 하려면 자기만의 감각을 가져야 하는데, 우리의 과학교육은 과학적 감성과 인문학적 통찰을 키워 주지 못했다. 나는 대중 과학서를 쓰는 연구자로서 이러한 현실을 고민하지 않을 수 없었다.

한국에서는 과학책이 잘 팔리지 않는데, 그나마 잘 팔리는 책은 외국의 유명한 과학저술가의 책을 번역한 것들이다. 대부분의 과학책은 자연세계가 경이롭고 신비하며, 이러한 자연세계를 밝힌 지식으로서 과학은 그 자체로 중요하고 가치 있다는 관점에서 쓰였다. 또한 과학책을 읽는 동기는 자연세계에 대한 지적 호기심과 궁금증을 해소하고 교양을 쌓는 것이라고 말하고 있다. 과학책은 단지 지적 호기심과 재미로만 읽는 책인가? 과학은 우리의 삶과 무관한가? 어려운 과학책을 참아가면서 읽어야 할 지적 호기심 그 이상의 가치는 없는가? 이러한 생각을 할 때 나에게 영감을 준 책은 재레드 다이아몬드의 『총, 균, 쇠』와 『문명의 붕괴』였다.

『총, 균, 쇠』와 『문명의 붕괴』는 세계의 문제를 해결하기 위해 과학의 칼날을 들이댄 책들이다. 두 책 모두 탁월한 문제의식을 지녔다. 세계는 환경파괴, 경제 양극화, 인구증가, 자원고갈, 전염병, 만성적 테러와 전쟁, 종교분쟁과 대량학살에 시달리고 있다는 것이다. 그런데 이러한 불행이 과거 식민 지배를 받았던 아시아와 아프리카 등의 제3세계에 집중되어 있다. 우리가 살고 있는 세계는 왜 이렇게 불평등한가? 이 불평등의 원인은 무엇이고, 어떻게 해결해야 하는가? 재레드 다이아몬드가 제시한 문제와 해결책을 읽다 보면, 유럽과 북미 선진국들의 제1세계와 제3세계 사이의 불평등 구조가 얼마나 뿌리 깊은지를 느끼게 된다. 또한 우리가 그토록 열망했던 산업화와 근대화가 인류의 실존 양식으로 적절한 것인지 의심하지 않을 수 없다.

세계의 불평등과 환경·인구·전쟁·자원·경제 양극화 등의 모든 문제는 우리와 연결되어 있다. 분단국가인 한국은 세계의 문제들 한가운데 있다. 왜 우리는 세계의 불평등에 분노하지 않는가! 우리는 서양 근대과학의 생산과정에서 소외되고, 제국주의 국가들의 산업화와 근대화에 희생되었던 역사를 가지고 있다. 이러한 우리가 세계의 불평등에 대한 문제를 제기하고, 어떻게 하면 불평등을 극복할 것인지를 모색하며, 새로운 지식 생산의 주체가 되어야 한다. 좋은 과학책은 이러한 문제의식을 담고 있어야 한다고 본다. 그래서 과학을 왜 공부하고, 과학책을 왜 읽어야 하는지를 나에게 묻는다면, 세계의 문제를 해결하고 세계를 바꾸기 위해서라고 말하려 한다.

우리가 살고 있는 세계는 겉보기에 합리적인 것 같지만,

결코 그렇지 않다. 예컨대 『총, 균, 쇠』에서 세계의 불평등은 환경지리적 차이가 낳은 역사적 우연이었다고 말하고 있다. 세계의 불평등이 우연, 즉 운에 좌우되고 있다는 것은 세계가 그만큼 불합리적이라는 뜻이다. 어떤 나라에서 태어나든지, 어떤 지역에서 살든지 간에 세계는 살 만한 곳이 되어야 하는데 그렇지 못한 것이 현실이다. 과학책은 이러한 불합리한 세계에 눈을 뜨고 사실과 허구를 구별할 수 있도록 일깨운다. 이 책의 마지막 페이지를 덮고 나서 우리가 겪은 부당함에 문제의식을 느끼고 다른 과학책이 읽고 싶어진다면 성공적인 책 읽기를 한 것이다. 역사적 사실과 과학적 사실은 상식적 차원에 머물러 있는 우리의 생각을 바꾸고 세계를 바꿀 것이다.

주

1)　이광수 지음, 김철 책임편집,『무정』, 문학과지성사, 2005, 303~304쪽.

2)　같은 책, 461~466쪽.

3)　박천홍 지음,『악령이 출몰하던 조선의 바다』, 현실문화연구, 2008, 578~579쪽.

4)　쥘 베른 지음, 이가야 옮김,『쥘 베른의 갠지스강』, 그린비, 2010, 71~74쪽.

5)　마이클 에이더스 지음, 김동광 옮김,『기계, 인간의 척도가 되다』, 산처럼, 2011, 186~201쪽.

6)　정성화·로버트 네프 지음,『서양인의 조선살이, 1882~1910』, 푸른역사, 2008, 174~179쪽.

7)　아손 그렙스트 지음, 김상열 옮김,『스웨덴 기자 아손, 100년전 한국을 걷다』, 책과함께, 2005, 43~45쪽.

8)　이광린,「구한말 진화론舊韓末 進化論의 수용受容과 그 영향影響」,『한국개화사상연구』, 일조각, 1990, 255~287쪽.

9)　산드라 윌슨,「현재 속의 과거—1920~30년대 근대 서시에 나타난 전쟁」,『제국의 수도, 모더니티를 만나다』, 소명출판, 2012, 293~319쪽.

10)　조셉 니담 지음, 김영식 편역,「중국 과학전통의 결함과 성취」,『중국 전통문화와 과학』, 창작사, 1986, 60~61쪽.

11)　프리모 레비 지음, 이산하 편역,『살아남은 자의 아픔』, 노마드북스, 2011, 70~71쪽.

12)　윌리엄 L. 랭어 엮음, 박상익 옮김,『뉴턴에서 조지 오웰까지』, 푸른역사,

2004, 17~44쪽.

13) 제임스 글릭 지음, 김동광 옮김, 『아이작 뉴턴』, 승산, 2008, 156~157쪽.

14) 김윤식 저, 『염상섭 연구』, 서울대학교출판부, 1987, 141~155쪽.

15) 찰스 다윈 지음, 이한중 옮김, 『찰스 다윈 자서전, 나의 삶은 서서히 진화해왔다』, 갈라파고스, 2003, 125쪽.

16) 양일모, 『옌푸嚴復: 중국의 근대성과 서양사상』, 태학사, 2008, 21~35쪽.

17) 엄복 지음, 양일모·이종민·강중기 역주, 『천연론』, 소명출판, 2008, 47~61쪽.

18) 양일모, 앞의 책, 102~110쪽.

19) 스티븐 제이 굴드 지음, 홍욱희·홍동선 옮김, 『다윈 이후』, 사이언스북스, 2009, 327~328쪽.

20) 콜럼버스는 아메리카 대륙 발견 당시 그곳을 '지팡구'[일본]라고 믿었으며 사망하는 날까지 신대륙의 존재를 알지 못했다. 더구나 역사적으로도 콜럼버스의 아메리카 대륙 발견은 세 번째라고 알려져 있다.

21) 정인경, 『한국 근현대 과학기술문화의 식민지성』, 고려대 박사학위 논문, 2004, 27~35쪽.

22) 프란츠 카프카, 전영애 옮김, 「학술원에의 보고」, 『변신·시골의사』, 민음사, 1998, 117쪽.

23) 이각규, 『한국의 근대박람회』, 커뮤니케이션북스, 2010, 81~84쪽.

24) 같은 책, 85~86쪽.

25) 유시민, 『청춘의 독서』, 웅진지식하우스, 2009, 209쪽.

26) 마이클 루스 지음, 류운 옮김, 『진화의 탄생』, 바다출판사, 2010, 306쪽.

27) 에이드리언 데스먼드·제임스 무어 지음, 김명주 옮김, 『다윈 평전』, 뿌리와이파리, 2009, 50쪽.

28) 같은 책, 7쪽.

29) 같은 책, 528쪽.

30) 찰스 다윈 지음, 김관선 옮김, 『인간의 유래 2』, 한길사, 2006, 571~572쪽.

31) 찰스 다윈 지음, 김관선 옮김, 『인간의 유래 1』, 한길사, 2006, 117쪽.

32) 찰스 다윈 지음, 이종호 엮음, 『인간의 유래와 성선택』, 지식을만드는지

식, 2012, 82쪽.

33) 같은 책, 91쪽, 94쪽, 88쪽.

34) 리처드 도킨스 지음, 홍영남 옮김, 『이기적 유전자』, 을유문화사, 2002, 21쪽.

35) 찰스 다윈 지음, 권혜련 외 옮김, 『찰스 다윈의 비글호 항해기』, 샘터, 2006, 682쪽.

36) 찰스 다윈 지음, 김관선 옮김 , 『인간의 유래 2』, 한길사, 2006, 564쪽.

37) 에른스트 마이어 지음, 신현철 옮김, 『진화론 논쟁』, 사이언스북스, 1998, 61~64쪽.

38) 리처드 도킨스 지음, 김명남 옮김, 『지상 최대의 쇼』, 김영사, 2009, 526~528쪽.

39) 토마스 헉슬리 지음, 이종민 옮김, 『진화와 윤리』, 산지니, 2012, 98쪽.

40) 박태원 지음, 천정환 책임편집, 『소설가 구보씨의 일일』, 문학과지성사, 2005, 98~99쪽.

41) 오진석, 『한국근대 전력산업電力産業의 발전과 경성전기京城電氣(주)』, 연세대학교 박사학위논문, 2006, 152쪽, 274쪽.

42) 현득영玄得榮, 「전기과학계의 제諸은인」, 『과학조선』, 1933년 9월호, 77쪽 ~78쪽.

43) 최무영 지음, 『최무영 교수의 물리학 강의』, 책갈피, 2008, 72쪽.

44) 로빈 애리앤로드 지음, 김승욱 옮김, 『물리의 언어로 세상을 읽다』, 해냄, 2011, 141쪽.

45) 피조는 1840년대 말에 속력이 조절되는 톱니바퀴와 반사장치를 이용해 거의 완벽한 광속을 관측한 최초의 과학자였다.

46) 정동욱 지음, 『패러데이 & 맥스웰, 공간에 펼치는 힘의 무대』, 김영사, 2010, 188~189쪽.

47) 『과학조선』 1935년 11월호, 앞쪽 사진 광고.

48) 마이클 화이트 지음, 이상원 옮김, 『에디슨은 전기를 훔쳤다』, 사이언스북스, 2003, 244쪽.

49) 질 존스 지음, 이충환 옮김, 『빛의 제국』, 양문, 2006, 231쪽.

50) 오선실, 『1920~1930년대 조선 전력시스템의 전환』, 서울대 석사학위논

문, 24~35쪽.

51) 이북명, 「질소비료공장」, 『소금 공장신문 질소비료공장』, 창비, 2005, 187~189쪽. 「질소비료공장」은 『조선일보』에 1932년 5월 29일부터 연재 되다가 일제 당국의 검열 때문에 31일 중단되었다. 1935년 5월에 일본 잡 지 『분가쿠효오론文學評論』에 실렸고, 이북명은 1957년 북한에서 『질소 비료공장』(조선작가동맹출판사)을 다시 출판했다.

52) 이북명, 같은 책, 190쪽.

53) 정인경, 앞의 책, 83~118쪽.

54) 임종태, 「김용관의 발명학회와 과학운동」, 『근현대 한국사회의 과학』, 창 작과비평사, 1998, 240~255쪽.

55) 김용관金容瓘, 「과학科學과 기연구其研究」, 『과학조선』 1936년 1월호, 8쪽.

56) 이상 지음, 김주현 책임편집, 「날개」, 『이상 단편선 날개』, 문학과지성사, 2005, 268쪽, 280쪽, 299~300쪽.

57) 장석주 지음, 『이상과 모던뽀이들』, 현암사, 2011, 26~31쪽.

58) 정인경, 「경성고등공업학교의 설립과 운영」, 『근현대 한국사회의 과학』, 창작과비평사, 1998, 179~184쪽.

59) 김민수 지음, 『이상평전』, 그린비, 2012, 204쪽.

60) 김윤식 지음, 『이상의 글쓰기론』, 역락, 2010, 217쪽.

61) 김윤식 지음, 『이상문학 텍스트 연구』, 서울대학교출판부, 1998, 291쪽.

62) 미치오 카쿠 지음, 고중숙 옮김, 『아인슈타인의 우주』, 승산, 2007, 102~103쪽.

63) 브라이언 그린 지음, 박병철 옮김, 『우주의 구조』, 승산, 2006, 152~161 쪽.

64) 김범성 지음, 『나가오카 & 유카와』, 김영사, 2006, 49~60쪽.

65) 같은 책, 67~71쪽.

66) 유카와 히데키 지음, 김성근 옮김, 『보이지 않는 것의 발견』, 김영사, 2012, 107쪽. 이 책은 유카와가 썼던 글들을 모아 1946년에 출판한 것이 다.

67) 오동훈, 『니시나 요시오仁科芳雄와 일본 현대물리학』, 서울대학교 박사학 위논문, 1999, 91쪽.

68) 같은 책, 178~183쪽, 228~236쪽.

69) 가루베 다다시 지음, 박홍규 옮김, 『마루야마 마사오』, 논형, 2011, 110~114쪽, 138쪽.

70) 임정혁, 「식민지시기 물리학자 도상록의 연구활동에 대하여」, 『한국과학사학회지』 27-1, 2005, 110~114쪽.

71) 대한화학회 편저, 『나는 과학자이다―우리나라 최초의 화학박사 이태규 선생의 삶과 과학』, 양문, 2008, 45~47쪽.

72) 신건희, 「운무雲霧속의 수식 數式」 『동아일보』 1936년 8월 6일자.

73) 리승기, 「나의 요람기」, 『오늘의 조선』 1960년 8월호; 임정혁 편저, 김기석 감수, 김향미 옮김, 『현대 조선의 과학자들』, 교육과학사, 2003, 157~162쪽.

74) 최무영, 앞의 책, 121~122쪽.

75) 폴 새가드 지음, 김미선 옮김, 『뇌와 삶의 의미』, 필로소픽, 2011, 188~189쪽.